工业和信息化普通高等教育"十二五"规划教材立项项目

 21 世纪高等院校电气工程与自动化规划教材

21 century institutions of higher learning materials of Electrical Engineering and Automation Planning

Application of General Convertor

通用变频器基础应用教程

王玉中　主编

许聪颖 裴胜利 齐贺 陈俊　编

U0390356

人民邮电出版社

北　京

图书在版编目（CIP）数据

通用变频器基础应用教程 / 王玉中主编. -- 北京：
人民邮电出版社，2013.9
21世纪高等院校电气工程与自动化规划教材
ISBN 978-7-115-32779-6

Ⅰ．①通… Ⅱ．①王… Ⅲ．①变频器－高等学校－教
材 Ⅳ．①TN773

中国版本图书馆CIP数据核字(2013)第202159号

内 容 提 要

本书针对电气工程相关专业和应用型本科的培养特点，阐述了主流型号变频器的应用技术和方法，系统地介绍了电气传动基础知识、通用变频器的常用功能、MM420 系列变频器介绍、MM420 系列变频器的功能操作、MM420 系列变频器组成的变频拖动系统等内容，并且配有 MM420 系列变频器的相关实验。

本书可作为应用型本科电气工程及其自动化、自动化、机械制造及其自动化（数控方向）等相关专业的教学用书，也可以作为广大电气控制技术人员的参考用书。

◆ 主　编　王玉中
编　　许聪颖　裴胜利　齐贺　陈俊
责任编辑　刘博
责任印制　彭志环　焦志炜
◆ 人民邮电出版社出版发行　北京市丰台区成寿寺路 11 号
邮编 100164　电子邮件 315@ptpress.com.cn
网址 http://www.ptpress.com.cn
北京九州迅驰传媒文化有限公司印刷
◆ 开本：787×1092　1/16
印张：9　　　　　　　　2013 年 9 月第 1 版
字数：224 千字　　　　2025 年 1 月北京第 14 次印刷

定价：29.80 元

读者服务热线：(010)81055256　印装质量热线：(010)81055316
反盗版热线：(010)81055315

本书是在"工业和信息化普通高等教育'十二五'规划教材"项目委员会的组织和指导下，根据其制订的通用变频器基础应用教程编写大纲而编写的。本书的编写思路是：面向 21 世纪人才培养的需要，结合应用型本科学生的培养特点，对教材内容进行大力整合，删除繁杂的理论分析和推导，理论讲述以必需、够用、实用为度，理论紧密结合实践，突出实践应用环节。本书主要讲述主流型号变频器的应用技术和方法，不同功能的应用方法都是结合应用实例来讲述，编写形式新颖，叙述简洁、明确，程度由浅入深、通俗易懂。本书的特点是：自带实验内容指导，理论紧密结合实际，简单、方便、形象、直观，实用性强，学了就会使用。

本书共分 6 章。第 1 章"电气传动基础知识"主要包括电气传动系统概述、电气传动系统的工作原理、电气传动系统的负载特性、变频器及其特点、变频器的分类、通用变频器的结构和工作原理。第 2 章"通用变频器的常用功能"主要介绍通用变频器的频率给定功能、异步电动机的启动和加速功能、异步电动机的制动和减速功能、制动电阻和制动单元。第 3 章"MM420 系列变频器介绍"主要包括 MM420 系列变频器的特点及电气连接、MM420 系列变频器的基本调试、MM420 系列变频器的使用、MM420 系列变频器的系统参数、MM420 系列变频器的主要参数表。第 4 章"MM420 系列变频器的功能操作"主要介绍基本操作、PLC 与 MM420 系列变频器组成的调速控制。第 5 章"MM420 系列变频器组成的变频拖动系统"主要介绍恒转矩负载变频拖动系统、恒功率负载变频拖动系统、二次方率负载变频拖动系统。最后一章"MM420 系列变频器的应用实验"主要介绍变频器的 BOP 面板控制实验、变频器的外接数字量控制实验、变频器的外接模拟量控制实验、变频器的多段速控制实验、变频器的 PLC 控制实验、变频器的 PID 控制实验。每章后面附有小结和适量的习题。

本书主要作为应用型本科电气工程及其自动化、自动化、机械制造及其自动化（数控方向）等相关专业的教学用书，也可以作为广大电气控制技术人员的参考用书。

本书由王玉中任主编。前言、第 1 章和第 2 章由王玉中编写，第 3 章由齐贺编写，第 4 章由许聪颖编写，第 5 章由裴胜利编写，第 6 章由王玉中和中环天仪集团高工陈俊共同编写。全书由天津理工大学中环信息学院副教授王玉中统稿。

本书部分内容的编写参考了有关文献，在此恕不一一列写。编者谨对书后所有参考文献的作者或编者表示衷心的感谢！

由于编者水平有限，书中难免有错误和不妥之处，敬请读者批评指正。

编　者　王玉中
2013 年 6 月

目 录

第 1 章　电气传动基础知识

当前全球多数国家的工业生产已经非常现代化了，这实际上经历了漫长的发展过程，可以分为三个阶段：第一次工业革命阶段，第二次工业革命阶段，第三次工业革命阶段。

工业革命又叫产业革命。第一次工业革命是从 18 世纪 60 年代开始的，标志是瓦特改良蒸汽机。蒸汽机的广泛使用使人类社会由工场手工业过渡到大机器生产，从此进入了"蒸汽时代"。

第二次工业革命是从 19 世纪 70 年代开始的，它以电力的广泛运用为显著特点，人类从此进入了"电气时代"。在电力的使用中，发电机和电动机是两个相互关联的重要组成部分。发电机是将机械能转化为电能，电动机则是将电能转化为机械能。发电机原理的基础是 1819 年丹麦人奥斯特发现的电流的磁效应以及 1831 年英国科学家法拉第发现的电磁感应现象。1866 年德国人西门子制成了自激式的直流发电机，但这种发电机还不够完善。经过许多人的努力，发电机逐步得到改进，到了 19 世纪 70 年代，终于可以投入实际运行产生了直流电能。1882 年，法国学者德普勒发明了远距离送电的方法。同年，美国发明家爱迪生在纽约建立了美国第一个火力发电站，并把输电线联结成网络。1885 年意大利科学家法拉里提出的旋转磁场原理，对交流电机的发展有重要的意义。19 世纪 80 年代末 90 年代初，人们制出三相异步电动机。1891 年以后，较为经济、可靠的三相制交流电得以推广，电力工业的发展进入新阶段。

第三次工业革命是从 20 世纪 40 年代开始的，它以计算机技术的广泛运用为显著特点，人类从此进入了"信息时代"。

1.1　电气传动系统概述

电气传动是在第二次工业革命时期产生的，一直沿用到现在。初期是直流电气传动，后来出现了交流电气传动。早期的交流电气传动主要用于恒速拖动的场合，需要高性能调速的场合仍然使用直流电气传动，直到高性能变频器出现以后，这种分工才有所改变，需要高性能调速的场合也可以使用交流电气传动了。目前，交流电气传动在整个电气传动里面占据主导地位。

1.1.1　电气传动的概念和类型

电气传动又称电机拖动，是以电动机作为原动机驱动各种生产机械的系统总称。国际电工委会员（IEC）将电气传动控制归入"运动控制"范畴。据统计，电气传动系统的用电量占我国总发电量的 60% 以上。2010 年以来，我国电气传动产品市场需求年增长率为 20% 以上，市场前景广阔。

电气传动具有以下主要特点：功率范围极大，单个设备的功率可从几毫瓦到几百兆瓦；调速范围极宽，转速从每分钟几转到每分钟几十万转，在无变速机构的情况下调速范围可达1：10000；适用范围极广，可适用于任何工作环境与各种各样的负载。

电气传动与国民经济和人民生活有着密切联系并起着重要的作用，广泛用于矿山、冶金、机械、轻工、港口、石化、铁路运输、航空、航天等各个行业以及日常生活之中。比如矿井提升、矿山机械、轧钢机、起重机、泵、风机、精密机床、电气化列车、空调、电冰箱、洗衣机等。

电气传动系统的主体之一是电动机。电动机是一种能量转换机构，负责把电能转变成机械能，然后通过传动机构传递给各种生产机械，从而驱动生产机械运动，满足各种生产加工需要。根据自身工作所使用的电能性质不同，电动机分为直流电动机、交流电动机、步进电动机三种类型，因此电气传动可分为直流电气传动、交流电气传动、步进电气传动三种类型。直流电气传动诞生于 19 世纪 70 年代。由于直流电动机具有良好的启、制动性能，宜于在大范围内平滑调速，在许多需要调速和快速正反向的电气传动领域中得到了广泛的应用。交流电气传动诞生于 19 世纪 90 年代，由于交流电动机具有结构简单、造价低、维护简单、单机容量大、运行转速高等优点，在许多需要恒速运行或简单变速的电气传动领域中得到了广泛的应用。步进电气传动诞生于 20 世纪 20 年代，由于步进电动机是将电脉冲激励信号转换成相应的角位移或线位移的离散值控制电动机，在许多需要精确位置控制的电气传动领域中得到了广泛的应用。高性能变频器诞生于 20 世纪 80 年代，在此之前交流电气传动主要用于恒速或要求简单变速的场合，直流电气传动主要用于要求高性能变速的场合。这种分工主要原因是受到当时生产力发展水平的限制。随着科学技术的不断发展，各种高性能的交流变频器不断涌现，交流电气传动的调速性能也越来越好，应用越来越广泛。目前交流电气传动在各种电气传动里面处于主导地位。

1.1.2 电气传动的组成结构和作用

一个完整的交、直流电气传动系统组成结构如图 1-1 所示。其中电源装置和控制装置构成了调速装置。调速装置和电动机这两部分是电气传动系统的核心，它们各自有多种设备或电路可供选择，不同的组合导致了电气传动系统的多样性和复杂性。

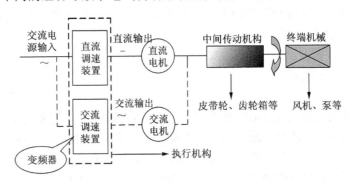

图 1-1 交、直流电气传动系统结构图

电源装置分母线供电装置、机组变流装置和电力电子变流装置三大类。母线供电装置包括交流母线供电和直流母线供电。机组变流装置包括直流发电机组和变频机组。电力电子变流装置包括整流装置、交流调压装置和变频器。

控制装置按所用器件划分如下。

（1）电器控制：又称继电器-接触器控制，与母线供电装置配合使用。

（2）电机扩大机和磁放大器控制：与机组供电装置配合使用，在 20 世纪 30～60 年代盛行，随着电力电子技术的发展，已逐步被淘汰。

（3）电子控制：其又分为分立器件、中小规模集成电路及微机和专用大规模集成电路等几代产品。

控制装置按工作原理划分如下。

（1）逻辑控制：通过电气控制装置控制电动机启动、停止、正反转或有级变速，控制信号来自主令电器或可编程序控制器。

（2）连续速度调节：与机组或电力电子变流装置配合使用，连续改变电动机转速。这类系统按控制原则分为开环控制、闭环控制及负荷控制三类。

控制装置按控制信号的处理方法划分如下。

（1）模拟控制；

（2）数字控制；

（3）模拟/数字混合控制。

电气传动的主要作用：通过改变电动机的转速或输出转矩来改变各种生产机械的转速或输出转矩，从而实现节能、提高产品质量、改善工作环境等设备和工艺的要求。

1.2　电气传动系统的工作原理

电气传动系统的工作原理图如图 1-2 所示。其中 T_M 为电动机轴上输出的电磁转矩，T_L 为负载轴上的阻转矩，T_0 为摩擦力矩，J_G 为电气传动系统的转速惯量，n 为电动机轴上输出的转速。

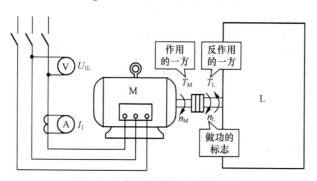

图 1-2　电气传动系统的工作原理图

根据电气传动系统的运动方程 $T_M - T_L - T_0 = J_G \dfrac{\mathrm{d}n}{\mathrm{d}t}$ 可以分析电气传动系统的工作原理如下：当 $T_M > T_L + T_0$ 时 $\rightarrow n\uparrow$，即电动机加速运行；当 $T_M < T_L + T_0$ 时 $\rightarrow n\downarrow$，即电动机减速运行；当 $T_M = T_L + T_0$ 时 $\rightarrow n = C$，即电动机恒速运行。电气传动系统的工作分为两种工作模式：速度工作模式和转矩工作模式。

速度工作模式。以保持电动机轴上输出转速恒定为目的，比如常规的调速系统（电梯、各类生产线）。控制设备根据转速要求，自动调整电动机的输出转矩以适应外部负载的变化，但是恒速时电动机输出的电磁转矩一定等于负载阻转矩和摩擦阻转矩之和。

转矩工作模式。以保持电动机轴上输出电磁转矩恒定为目的，比如开卷/收卷控制。如果电动机轴上输出电磁转矩始终大于负载阻转矩和摩擦阻转矩之和，则电动机转速持续上升至设备限速或损坏；如果电动机轴上输出电磁转矩始终小于负载阻转矩和摩擦阻转矩之和，则电动机转速持续下降到 0 或至下限速度；如果电动机轴上输出电磁转矩始终等于负载阻转矩和摩擦阻转矩之和，则电动机转速恒定但不确定。

1.3 电气传动系统的负载特性

任何机械在运行过程中，都有阻碍其运动的力或转矩，称为阻力或阻转矩。负载转矩在极大多数情况下，都呈阻转矩性质。电气传动系统的负载特性包括负载机械特性和负载功率特性。负载机械特性通常是指负载阻转矩与负载轴上转速之间的关系。负载功率特性通常是指负载消耗的功率与负载轴上转速之间的关系。电气传动系统的负载特性一般分为三种类型：恒转矩负载特性、恒功率负载特性、二次方率负载特性。

1.3.1 恒转矩负载特性

带式输送机是恒转矩负载的典型例子，其基本结构和工作情况如图 1-3（a）所示。负载的阻力来源于皮带与滚筒间的摩擦力，作用半径就是滚筒的半径。故负载阻转矩的大小决定于 $T_{\mathrm{L}} = F \times r$，式中 F 为皮带与滚筒间的磨擦阻力，r 为滚筒的半径。

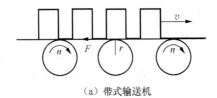

（a）带式输送机

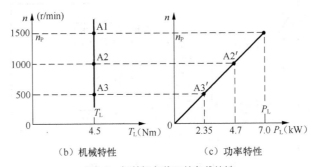

（b）机械特性　　　　　　　　（c）功率特性

图 1-3 恒转矩负载及其负载特性

1. 机械特性

由于 F 和 r 的大小都和转速的快慢无关，所以在调节转速 n 的过程中，负载的阻转矩 T_{L} 保持不变，即 $T_{\mathrm{L}} = \mathrm{const}$，其机械特性曲线如图 1-3（b）所示。

特别辨析：这里所说的恒转矩是指负载阻转矩相对于转速变化而言是恒定不变的，不能和负载轻重变化时，负载阻转矩大小的变化相混淆。或者说，负载阻转矩的大小，仅仅取决于负载的轻重，而和转速大小无关。比如带式输送机，当传输带上的物品较多时，不论转速高低，负载阻转矩都较大；而当传输带上的物品较少时，不论转速有多大，负载阻转矩都较小。

2. 功率特性

在负载转矩 T_{L} 不变的情况下，转速 n 和负载消耗的功率 P_{L} 之间的关系为 $P_{\mathrm{L}} = \dfrac{T_{\mathrm{L}} \times n}{9550} \propto n$，即

在调节转速 n 的过程中负载消耗的功率 P_L 与转速 n 成正比，其功率特性曲线如图 1-3（c）所示。

1.3.2 恒功率负载特性

薄膜的卷取机械是恒功率负载的典型例子，其基本结构和工作情况如图 1-4（a）所示。为了保证在卷绕过程中被卷物的物理性能不发生变化，随着"薄膜卷"的卷径不断增大，卷取辊的转速应逐渐减小，以保持薄膜的线速度恒定，从而保持张力的恒定。

1. 功率特性

因为要保持线速度和张力恒定，即 $v = \text{const}$，$F = \text{const}$，所以在不同的转速下，负载消耗的功率基本恒定，即 $P_L = F \times v = \text{const}$，其功率特性曲线如图 1-4（c）所示。

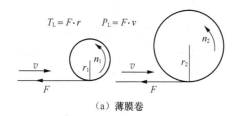

（a）薄膜卷

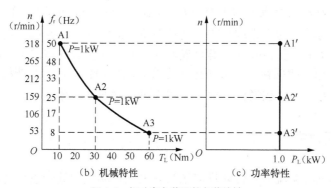

（b）机械特性　　　　　（c）功率特性

图 1-4　恒功率负载及其负载特性

2. 机械特性

负载阻转矩的大小决定于 $T_L = F \times r$，式中 F 为卷取物的张力，r 为卷取物的卷取半径。由于张力要求恒定，而且随着卷取物不断地卷绕到卷取辊上，r 将越来越大，所以负载阻转矩越来越大。由于 P_L 保持不变，所以负载阻转矩与转速的关系为 $T_L = \dfrac{9550 P_L}{n} \propto \dfrac{1}{n}$，即负载阻转矩的大小与转速成反比，机械特性如图 1-4（b）所示。

1.3.3 二次方率负载特性

离心式风机和水泵是二次方律负载的典型例子，其基本结构和工作情况如图 1-5（a）所示。这类负载大多用于控制流体（气体或液体）的流量。由于流体本身无一定形状，且在一定程度上具有可压缩性（尤其是气体），故难以详细分析其阻转矩的形成，此处将只引用有关的结论。

1. 机械特性

负载的阻转矩 T_L 与转速 n 的关系为 $T_L = K_T n^2$，其中 K_T 为二次方律负载的转矩常数，即负载阻转矩与转速的平方成正比，其机械特性曲线如图 1-5（b）所示。

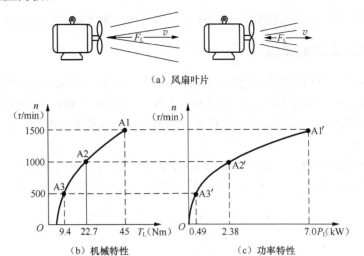

图 1-5 二次方率负载及其负载特性

2. 功率特性

负载的消耗功率 P_L 与转速 n 的关系为 $P_L = K_P n^3$，其中 K_P 为二次方律负载的功率常数，即负载的消耗功率与转速的立方成正比，其功率特性曲线如图 1-5（c）所示。

特别提示：事实上，无论是哪一类负载特性，即使在空载的情况下，电动机的输出轴上也会有空载转矩 T_0 和空载损耗 P_0，如磨擦转矩及其功率损耗等。因此严格地讲，负载阻转矩表达式应为 $T_L' = T_0 + T_L$，负载消耗的功率表达式应为 $P_L' = P_0 + P_L$。

1.4 变频器及其特点

前面文中提到过，交流电气传动目前在所有电气传动里面处于主导地位，主要原因是三相交流异步电机的结构简单、坚固，运行可靠，价格低廉，在冶金、建材、矿山、化工等重工业领域发挥着巨大作用。许多场合如果使用交流调速，每台电动机将节能 30%以上，而且在恒转矩条件下，能降低轴上的输出功率，既提高了电动机效率，又可获得节能效果。异步电动机调速系统的种类很多，但是效率最高、性能最好、应用最广泛的是变频调速系统。其中的关键是如何把固定电压、固定频率的交流电变换为可调电压、可调频率的交流电，这些要求恰恰就是变频器的任务。

1.4.1 变频器的概念

通俗地讲，变频器就是一种静止式的交流电源供电装置，其功能是将工频交流电（三相或单相）变换成频率连续可调的三相交流电源。

精确的概念描述为：利用电力电子器件的通断作用将电压和频率固定不变的工频交流电源变换成电压和频率可变的交流电源，供给交流电动机实现软启动、变频调速、提高运转精度、改变功率因数、过流/过压/过载保护等功能的电能变换控制装置称作变频器，其英文简称为 VVVF（Variable Voltage Variable Frequency）。

变频器的控制对象是三相交流异步电动机和同步电动机，标准适配电机极数是 2/4 极。变频电气传动的优势：（1）平滑软启动，降低启动冲击电流，减少变压器占有量，确保电机安全；（2）在机械允许的情况下可通过提高变频器的输出频率提高工作速度；（3）无级调速，调速精度大大提高；（4）电动机正反向无需通过接触器切换；（5）非常方便接入通信网络控制，实现生产自动化控制。

1.4.2 变频器的特点

变频器诞生于 20 世纪 80 年代。随着微机技术、电力电子技术和调速控制理论的不断发展，通用变频器主要经历以下几个发展阶段：20 世纪 80 年代初期的模拟式，20 世纪 80 年代中期的数字式，20 世纪 90 年代及以后的智能式、多功能型通用变频器。通用变频器发展主要有以下特点。

1. 功率器件不断更新换代

变频器的发展受到电力半导体器件的限制。20 世纪 80 年代初主要使用门极可关断晶闸管 GTO，开关频率低，变频器的调速性能较差。20 世纪 80 年代后期主要使用大功率晶体管 GTR，其开关频率一般在 2kHz 以下，载波频率和最小脉宽都受到限制，难以得到较为理想的正弦脉宽调制波形，并使异步电机在变频调速时产生噪声。20 世纪 90 年代以后主要使用绝缘栅双极晶体管 IGBT、集成门极换流晶闸管 IGCT，其开关频率达到 20kHz 以上，变频器的调速性能更优。

2. 应用范围不断扩大

在纺织、印染、塑胶、石油、化工、冶金、造纸、食品、装卸搬运、铁路运输等行业都有着广泛应用。随着各种专用变频器的出现，变频器的应用领域将会进一步扩大，可以说有交流电动机的地方就会有变频器。

3. 控制理论不断成熟

早期通用变频器主要采用恒压频比（V/F）和 SPWM 控制方式，随着矢量控制技术、直接转矩控制技术的出现，交流电动机的变频调速机械特性可以和直流电动机的调压调速机械特性相媲美。随着变频调速控制技术的不断成熟、功率电子器件的不断发展、成本的不断降低，变频器的应用日益广泛，在电气传动和节能领域发挥着越来越重要的作用。

通用变频器未来发展趋势如下。

1. 低电磁噪声、静音化

新型通用变频器除了采用高频载波方式的正弦波 SPWM 调制实现静音化（载波频率越高，电磁噪声越小，漏电流噪声越大）外，还在通用变频器输入侧加交流电抗器或有源功率因数校正电路 APFC。而在逆变电路中采取 Soft-PWM 控制技术等，以改善输入电流波形、降低电网谐波，在抗干扰和抑制高次谐波方面符合 EMC 国际标准，实现所谓的清洁电能的变换。如三菱公司的柔性 PWM 控制技术，实现了更低噪声运行。

2. 专用化

新型通用变频器为更好地发挥变频调速控制技术的独特功能，并尽可能满足现场控制的需要，派生了许多专用机型如风机水泵空调专用型、起重机专用型、恒压供水专用型、交流电梯专用型、纺织机械专用型、机械主轴传动专用型、电源再生专用型、中频驱动专用型、机车牵引专用型等。

3. 系统化

通用变频器除了发展单机的数字化、智能化、多功能化外，还向集成化、系统化方向发展。如西门子公司提出的集通信、设计和数据管理三者于一体的"全集成自动化"（TIA）

平台概念，可以使变频器、伺服装置、控制器及通信装置等集成配置，甚至自动化和驱动系统、通信和数据管理系统都可以像驱动装置通常嵌入"全集成自动化"系统那样进行，目的是为用户提供最佳的系统功能。

4. 网络化

新型通用变频器可提供多种兼容的通信接口，支持多种不同的通信协议，内装 RS485 接口，可由个人计算机向通用变频器输入运行命令和设置功能码数据等，通过选件可与现场总线，如 Profibus-DP、Interbus-S、Device Net、Modbus Plus、CC-Link、LONWORKS、Ethernet、CAN Open、T-LINK 等通信。如西门子、VACON、富士、日立、三菱、台安、东洋等品牌的通用变频器，均可通过各自可提供的选件支持上述几种或全部类型的现场总线。

5. 操作傻瓜化

新型通用变频器机内固化的"调试指南"会引导用户一步一步地填入调试表格，无需记住任何参数，充分体现了易操作性。如西门子公司的新一代 MICROMASTER420/440 采用了一种称为"易于使用"的成功概念，使得在连接技术、安装和调试方面的操作变得非常简单。

6. 内置式应用软件

新型通用变频器可以内置多种应用软件，有的品牌可提供 130 余种应用软件，以满足现场过程控制的需要。如 PID 控制软件，张力控制软件，速度级链、速度跟随、电流平衡、变频器功能设置软件，通信软件等。

7. 参数自调整

用户只要设置数据组编码，而不必逐项设置，通用变频器会将运行参数自动调整到最佳状态（矢量型变频器可对电机参数进行自整定）。

8. 功能设置软件化

1.5　变频器的分类

变频器经过多年的发展，技术成熟、种类繁多、应用广泛，通常有以下几种分类方式。

1.5.1　按供电电源电压等级分类

变频器可以分为低压变频器和高压变频器两类。我们在日常工作和生活中主要使用低压变频器，其主要电压等级有 220V/1PH、220V/3PH、380V/3PH；在大型设备控制和高电压场所中主要使用高压变频器，其主要电压等级有 3000/3PH、6000/3PH、10000V/3PH。

1.5.2　按控制算法分类

变频器可以分为普通型变频器和高性能变频器两类。普通型变频器一般只内置 V/F 控制方式，控制简单，但是机械特性略软，调速范围较小，轻载时磁路容易饱和。国内常见的普通型变频器有康沃 CVF-G1、G2，森兰 SB40、SB61，安邦信 AMB-G7，英威腾 INVT-G9，时代 TVF2000。高性能变频器一般内置 V/F 控制和矢量控制两种方式，控制复杂，但是机械特性硬，调速范围大，不存在磁路饱和问题，闭环控制时机械特性更硬，动态响应能力强，调速范围更大，可进行四象限运行。国内常见的高性能变频器有康沃 CVF-V1，森兰 SB80，英威腾 CHV，台达 VFD-A、B，艾默生 VT3000，富士 5000G11S，安川 CIMR-G7，ABB 公司 ACS800，A-B 公司 Power Flex 700，瓦萨 VACON　NX，丹佛士 VLT5000，西门子 MM440。

1.5.3　按用途分类

变频器可以分为通用变频器和专用变频器两类。通用变频器是利用全控型电力电子器件及全数字化的控制手段，利用微型计算机巨大的信息处理能力，其软件功能不断强化，使变频装置的灵活性和适应性不断增强。目前中小容量的一般用途的变频器已经实现了通用化。采用大功率自关断开关器件（GTO、BJT、IGBT）作为主开关器件的正弦脉宽调制式（SPWM）变频器，已成为通用变频器的主流。通用变频器的功能不是针对某些特定负载设计的，因此具有通用型和灵活性，适用范围更广，但是对于某些特殊负载可能使用不便。专用变频器是针对某些特定负载设计的变频器，因此在硬件和软件两方面都考虑了负载的运行和控制特点，简化和方便了负载的控制，优化了负载的运行和控制性能，操作更简单，性能更好。例如风机水泵专用变频器有康沃，富士，安川 P 系列，森兰 SB12，三菱 FR-A140，艾默生 TD2100，西门子 MM430。这类专用变频器只有 V-F 控制方式，但增加了节能功能和工频变频的切换功能，睡眠和唤醒功能等。起重机械专用变频器有三菱 FR241E，ABB：ACC600。电梯专用变频器有艾默生 TD3100，安川 VS-676GL5。注塑机专用变频器有康沃 CVF-ZS-ZC，英威腾 INVT-ZS5-ZS7。张力控制专用变频器有艾默生 TD3300，三垦 SAMCO-vm05。

1.5.4　按变换方法分类

变频器可以分为交-直-交变频器和交-交变频器两类。交-直-交变频器，又称间接式变频器，先把频率固定的交流电整流成直流电，再把直流电逆变成频率连续可调的交流电，包括电压型（中间直流滤波环节采用大电容滤波）和电流型（中间直流滤波环节采用大电感滤波）两种。其中交-直-交电压型变频器结构简单，功率因素高，目前广泛使用；交-交变频器，又称直接式变频器，无中间直流滤波环节，直接把频率固定的交流电源变换成频率可调的交流电，其输出频率一般不高于 20Hz，主要用于大功率、低速传动领域。

1.6　通用变频器的结构和工作原理

1.6.1　通用变频器的结构

通用变频器的基本结构如图 1-6 所示，有四个组成部分，分别是：整流部分、中间直流部分、逆变部分、控制电路部分。

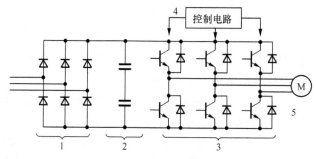

图 1-6　通用变频器的基本结构图

1—整流部分；2—中间直流部分；3—逆变部分；4—控制部分；5—负载

1——整流部分，把来自电网的恒压恒频交流电变成直流电，通常采用三相不可控整流电路；

2——中间直流部分，把脉动的直流电变成比较平滑的直流电，并且和负载之间进行无功能量交换；

3——逆变部分，把直流电变换成变压变频交流电，通常采用 SPWM 逆变电路，其输出是 SPWM 脉冲电压，这个电压加到电动机负载上，经电感滤波变成接近正弦波的电流波形；

4——控制电路部分，用来产生逆变电路所需要的各种驱动信号，这些信号受外部指令决定，有频率、频率上升下降速率、外部通断控制、变频器内部各种各样的保护和反馈信号综合控制等。

通用变频器对负载输出的波形通常都是双极性 SPWM 波，这种波形可以大幅度提高变频器的效率，但同时这种波形使变频器的输出区别于正常的正弦波，产生了变频器的很多特殊之处，需要使用者特别重视。双极性 SPWM 调制器如图 1-7 所示，其中图 1-7（a）所示为三角形载波与正弦形调制信号进行比较的情形，图 1-7（b）所示为比较后获得的双极性 SPWM 波形。

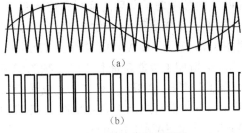

（a）

（b）

图 1-7 双极性 SPWM 调制器

1.6.2 单相逆变工作原理

单相逆变电路和逆变波形如图 1-8 所示。

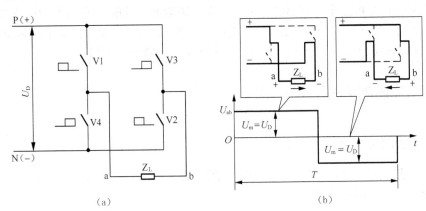

（a）

（b）

图 1-8 单相逆变电路和逆变波形

逆变工作原理：

（1）前半周期 令 V1、V2 导通，V3、V4 截止，则负载 Z_L 中的电流由 a 流向 b，Z_L 上得到的电压是 a+，b−，设这时的电压 U_{ab} 为 "+"；

（2）后半周期 令 V1、V2 截止，V3、V4 导通，则负载 Z_L 中的电流由 b 流向 a，Z_L 上得到的电压是 a−，b+，这时的电压 U_{ab} 为 "−"。

上述两种状态不断地反复交替进行，则负载 Z_L 上所得到的便是交变电压了。需要改变交变电压的频率时，只需要改变两组开关管的切换频率就行了，改变逆变器输出交变信号频率原理示意图如图 1-9 所示。

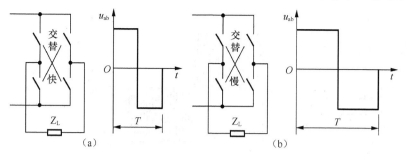

图 1-9　改变逆变器输出交变信号频率原理示意图

1.6.3　三相逆变工作原理

三相逆变电路和逆变波形如图 1-10 所示，其中 V1～V6 六个开关管如果采用不同的通断控制方式（180°导电方式、120°导电方式、SPWM 控制），同时有 2～3 个位于不同相的开关管导通，则在负载上得到三相对称的交流电。例如开关管采用普通晶闸管、控制方式采用 180°导电方式的三相逆变电路及逆变电压和线电流波形如图 1-11 所示；开关管采用 IGBT、控制方式采用 SPWM 控制的三相逆变电路及逆变线电压和线电流波形如图 1-12 所示。

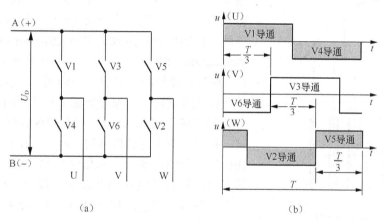

图 1-10　三相逆变电路和逆变波形

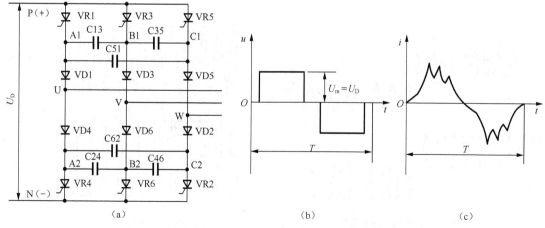

图 1-11　普通晶闸管 180°导电方式的三相逆变电路

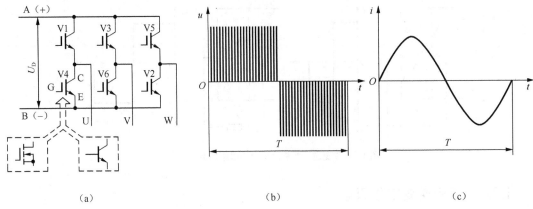

图 1-12 IGBT、SPWM 控制三相逆变电路

1.6.4 SPWM 逆变工作原理

正弦波脉宽调制：采用周期性变化的一列等幅不等宽的矩形波来表示正弦波，在每半个周期内矩形脉冲宽度呈现两边窄中间宽，按照波形面积相等的原则，每一个矩形波的面积与相应位置的正弦波面积相等，因而这个序列的矩形波与正弦波等效，这种等效方法称作正弦波脉宽调制（Sinusoidal Pulse Width Modulation，SPWM），这种序列的矩形波称作 SPWM 波，调制原理如图 1-13 所示。调制方式包括单极性调制和双极性调制两种，原理如图 1-14 和图 1-15 所示。

SPWM 逆变原理：以一列 SPWM 波来控制逆变器某一相上下两个开关器件的通断，从而在逆变器的该相输出端获得幅值放大了的 SPWM 波。由于控制三相逆变器不同相开关器件通断的 SPWM 波是三相对称的，因此三相逆变器输出的三列 SPWM 波也是对称的。SPWM 三相逆变原理如图 1-16 所示。

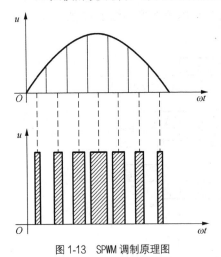

图 1-13 SPWM 调制原理图

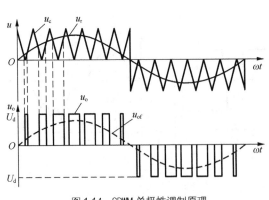

图 1-14 SPWM 单极性调制原理

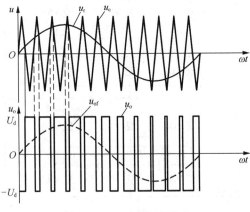

图 1-15 SPWM 双极性调制原理

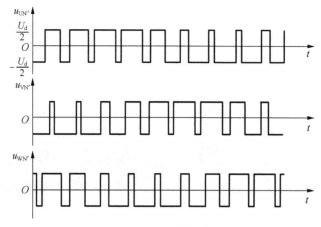

图 1-16　SPWM 三相逆变原理图

用于控制逆变器开关器件通断的 SPWM 波产生方式包括以下三种：模拟电子电路方式、专用数字电子电路方式和软件编程方式。模拟电子电路方式采用正弦波发生器、三角波发生器和电压比较器来实现产生 SPWM 波。这种方式最形象直观，不仅方便理解 SPWM 调制原理，而且也是另外两种方式的理论基础，但是目前应用越来越少。目前使用较多的是软件编程方式。

1.7　小结

本章介绍了电气传动的概念、类型、作用和目的，讲述了电气传动系统的工作原理，熟悉了电气传动系统的负载特性，了解了变频器的概念、特点、分类，进而了解通用变频器的结构、单相逆变工作原理、三相逆变工作原理和 SPWM 逆变工作原理。这部分内容很基础也比较重要，所以希望读者认真掌握。

1.8　习题

1. 为什么电动机额定容量的单位是 kW，而变频器额定容量的单位却是 kVA？
2. 电气传动系统的负载类型有哪几种？每种负载特性有什么特点？
3. 变频器的特点及其常用分类方法。
4. 交-直-交变频器的主电路是如何构成的，各部分的作用是什么？
5. 逆变器的开关管旁边为什么要并联反向二极管？
6. SPWM 的含义是什么？SPWM 有哪几种控制方式？
7. 为什么变频器在变频的同时还必须变压？

第2章 通用变频器的常用功能

通用变频器的常用功能包括频率给定功能、异步电动机的启动和加速功能、异步电动机的制动和减速功能等。为了更好地理解和掌握通用变频器的常用功能，需要对通用变频器的内部组成框图和控制通道有所了解。通用变频器的内部组成框图和控制通道如图2-1所示。

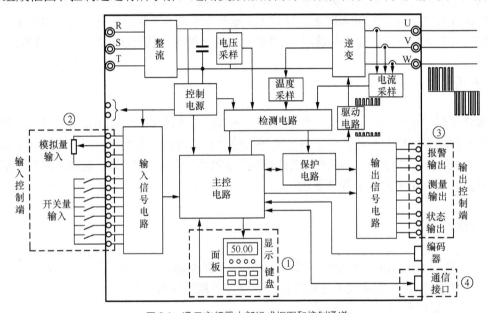

图2-1 通用变频器内部组成框图和控制通道

控制通道包括：①控制面板，②、③外接控制端子，④通信接口。其中控制面板主要用于近距离或者一些基本功能控制；外接控制端子主要用于远距离或者一些复杂功能控制；通信接口主要用于多电动机或者复杂的系统控制。外接控制端子包括输入控制端子和输出控制端子，如图2-2、图2-3和图2-4所示。其中输入控制端子包括外接频率给定端、基本输入控制端和可编程输入控制端，第一类属于模拟量输入端，后两类属于数字量输入端；输出控制端子包括测量信号输出端、报警输出端和状态信号输出端，第一类属于模拟量输出端，后两类属于数字量输出端，但是报警输出端是继电器输出，而状态信号输出端是晶体管输出。

模拟量输入端即从外部输入模拟量信号的端子，输入信号类型有电流信号（0～20mA、4～20mA），电压信号（0～10V、-10～10V）等。主要功能是主给定信号用于频率给定、PID控制等；辅助给定信号，用于叠加到主给定信号的附加信号。开关量输入端即接受外部输入的各种开关量输入信号,以便对变频器的工作状态和输出频率进行控制。

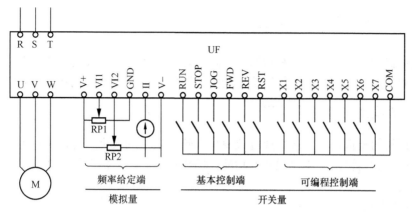

图 2-2 通用变频器输入控制端子

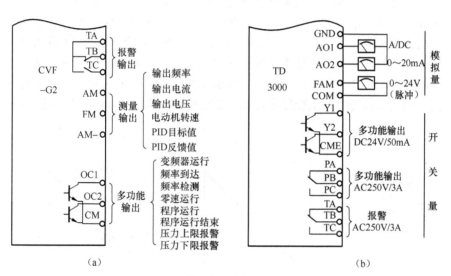

图 2-3 通用变频器输出控制端子

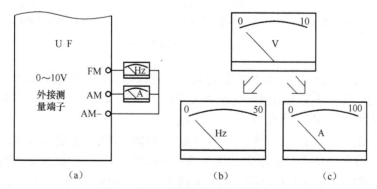

图 2-4 通用变频器模拟量输出端子应用

测量信号输出端即向外接仪表提供与运行参数成正比的测量信号,如电流、电压、频率等模拟信号;报警输出端即变频器在发生故障时,提供状态变化信号,方便切断变频器电源和接通故障报警装置;状态信号输出端即监测变频器的各种运行状态并发出相应的状态变化,方便实现不同的状态显示和控制要求，如运行、停止、频率达到等控制。

2.1 通用变频器的频率给定功能

通用变频器的频率给定功能是指通过一定的输入控制通道来设置或改变变频器输出交流电频率大小的功能，包括模拟量频率给定功能、数字量频率给定功能和一些频率限制功能。

2.1.1 模拟量频率给定功能

使用变频器的模拟量输入端，通过改变模拟输入信号的大小（可以是直流电压或直流电流）从而改变变频器输出交流电频率的功能，即模拟量频率给定功能，通常采用频率给定线来表示该功能。

1. 频率给定线

由模拟量进行频率给定时，变频器的给定频率 f_x（即希望变频器输出的交流电频率）与对应的给定模拟量输入信号 X（直流电压或直流电流）之间的关系曲线，称为频率给定线。

例如：给定模拟量输入信号为 0～10V，要求变频器对应输出的交流电频率为 0～50Hz；给定模拟量输入信号为 2～8V，要求变频器对应输出的交流电频率为 0～50Hz。这两个实例对应的频率给定线如图 2-5 所示。由图可以发现这两条频率给定线的不同，即起点、终点和斜率都不同，但是却都可以实现变频器输出的交流电频率为 0～50Hz，所以使用不同的名称来区别。

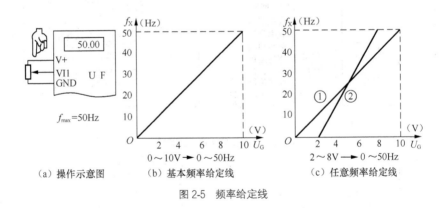

（a）操作示意图　　（b）基本频率给定线　　（c）任意频率给定线

图 2-5　频率给定线

基本频率给定线：也称为标准频率给定线。给定模拟量输入信号从 0 增大到最大值的过程中，变频器对应输出的交流电频率线性地从 0Hz 增大到最大频率的频率给定线，如图 2-5（b）所示，起点为（0，0），终点为（X_{max}，f_{max}）。

任意频率给定线：给定模拟量输入信号从最小值增大到最大值的过程中，变频器对应输出的交流电频率线性地从 f_{min} Hz 增大到最大频率的频率给定线，即根据生产机械的实际需要来任意配置起点和终点坐标的频率给定线，如图 2-5（c）所示，起点为（X_{min}，f_{min}），终点为（X_{max}，f_{max}）。

2. 任意频率给定线的设置方法

直接坐标法：直接设置任意频率给定线的起点坐标和终点坐标所对应的给定模拟量输入信号和变频器输出的交流电频率即可。例如：起点坐标为（2，0），终点坐标为（8，50），如

图 2-6 所示。

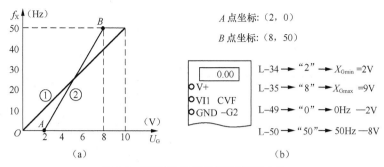

图 2-6 直接坐标法设置任意频率给定线

偏置频率和频率增益法：直接设置变频器的标准给定模拟量输入信号范围、最大给定频率、偏置频率和频率增益即可，如图 2-7 所示。

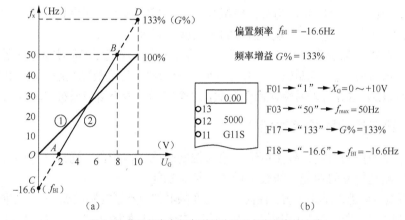

图 2-7 偏置频率和频率增益法设置任意频率给定线

偏置频率：如果变频器的标准给定模拟量输入信号范围是 0~10V，则给定模拟量输入信号为 0V 时对应的变频器输出交流电频率称为偏置频率，表示为 f_{BI}。

最大给定频率：如果变频器的标准给定模拟量输入信号范围是 0~10V，则给定模拟量输入信号为 10V 时对应的变频器输出交流电频率称为最大给定频率，表示为 f_{XM}。

频率增益：最大给定频率 f_{XM} 与变频器实际设置的最大输出频率 f_{max} 之比称为频率增益，表示为 $G\%$，即 $G\% = f_{XM} / f_{max} * 100\%$。

3. 异步电动机正反转的频率给定线

异步电动机在实际应用中往往需要正反转运行，那么变频器的模拟量频率给定功能又是如何实现呢？方法是使用双极性频率给定线和单极性频率给定线。

双极性频率给定线：变频器的给定模拟量输入信号为正极性时，异步电动机正转；变频器的给定模拟量输入信号为负极性时，异步电动机反转；变频器的给定模拟量输入信号为零时，异步电动机停转，双极性频率给定线如图 2-8 所示。

单极性频率给定线：变频器的给定模拟量输入信号大于分界值时，异步电动机正转；变频器的给定模拟量输入信号小于分界值时，异步电动机反转；变频器的给定模拟量输入信号等于分界值时，异步电动机停转，单极性频率给定线如图 2-9 所示。

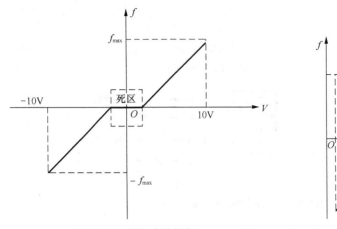
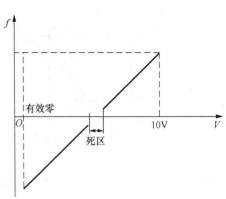

图 2-8 双极性频率给定线　　　　　　　　图 2-9 单极性频率给定线

单、双极性频率给定线的死区：为了防止 0 速附近的正反转蠕动现象，在 0 速给定模拟量输入信号附近设置一个区间，当给定模拟量输入信号在这个区间变化时，变频器输出交流电频率为 0Hz，这个给定模拟量输入信号的区间就是死区。

单极性频率给定线的有效 0：在单极性频率给定线中，让变频器的实际最小给定模拟量输入信号不等于 0，而给定模拟量输入信号为 0 时，变频器认为是故障状态，此时的变频器输出交流电频率为 0Hz，这样可以避免误操作事故，这个实际的最小给定模拟量输入信号即有效 0。

2.1.2 数字量频率给定功能

使用变频器的控制面板、外接可编程输入控制端或通信接口，通过一定的操作从而改变变频器输出交流电频率的功能，即数字量频率给定功能。

控制面板是变频器的基本配置，任何型号的变频器都少不了控制面板，可以方便地使用控制面板，通过操作升降键就可以实现频率给定功能。操作示意如图 2-10（a）和图 2-10（b）所示。

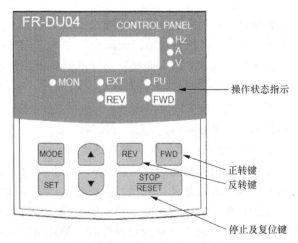

（a）控制面板实现频率给定示意一　　　　　（b）控制面板实现频率给定示意二

图 2-10 控制面板频率给定示意图

外接可编程输入控制端也是变频器的基本配置，不同型号的变频器通常配置 2～4 个外接可编程输入控制端，因此可以方便地通过功能参数设置将其中 2 个外接可编程输入控制端作为频率升降控制端，操作这 2 个端子就可以实现频率给定功能。操作示意如图 2-11 所示。

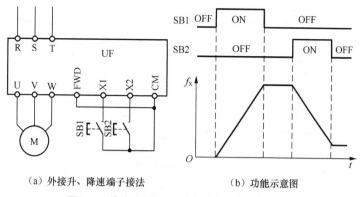

（a）外接升、降速端子接法　　　　　　（b）功能示意图

图 2-11 外接可编程输入控制端实现频率给定示意

　　使用外接可编程输入控制端实现数字量频率给定的方法不仅具有调速精度高、抗干扰能力强、控制灵活等优点，而且还具有两地控制、简单恒压供水控制等附属功能。使用按钮代替电位器实现变频器的频率给定功能的应用如图 2-12 所示。

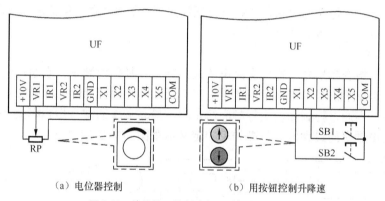

（a）电位器控制　　　　　　　　　（b）用按钮控制升降速

图 2-12 外接输入控制端实现频率给定的应用

　　两地控制的应用如图 2-13 所示。在实际生产中，常常需要在两个或多个地点都能对同一台电动机进行升、降速控制，这时可以分别在两地安装两个按钮，然后分别将两地功能相同的按钮采用并联连接，分别用于电动机的升速和降速控制。

　　简单恒压供水控制的应用如图 2-14所示。通过电接点压力表来进行恒压供水的控制，这种压力表上有上限位和下限位接点，将低压接点信号接入变频器的升速端子，将高压接点信号接入降速端子。这样就实现了简易的恒压供水控

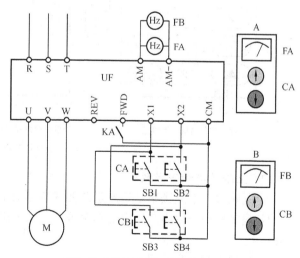

图 2-13 两地控制实现频率给定的应用

制，比较简单直观，价格便宜，不必进行 PID 调节。

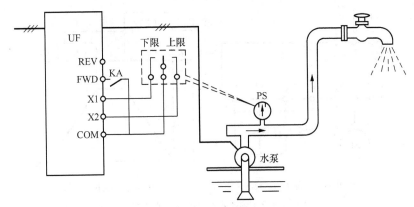

图 2-14　简单恒压供水控制的应用

2.1.3　频率限制功能

变频器在实际应用中，除了要求能够改变其输出交流电的频率大小外，往往还对其输出交流电的频率有一些特殊的要求，这就是变频器的频率限制功能，包括最高频率、上限频率、下限频率、回避频率、点动频率。

1. 最高频率

最高频率是指变频器允许输出交流电的最大频率。具体内涵是：当通过变频器的模拟量输入端子进行频率给定时，最高频率通常是指与最大给定模拟量输入信号相对应的变频器输出交流电频率；当通过控制面板进行频率给定时，最高频率通常是指频率上升键能够调节变频器输出交流电频率的最大值。最高频率的定义示意图如图 2-15 所示。

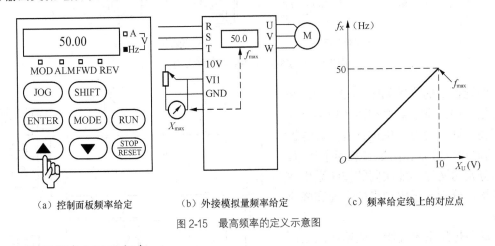

（a）控制面板频率给定　　　　（b）外接模拟量频率给定　　　　（c）频率给定线上的对应点

图 2-15　最高频率的定义示意图

2. 上限频率和下限频率

上限频率和下限频率是生产工艺要求变频器实际输出交流电的最高频率和最低频率，其目的是限制变频器输出交流电的频率范围，从而限制电动机的转速范围，防止错误操作造成事故。

上限频率和最高频率的关系：

（1）上限频率不能超过最高频率；

（2）当上限频率与最高频率不相等时，上限频率优先于最高频率，变频器实际输出交流电频率为上限频率；

（3）在部分变频器中，上限频率与最高频率为同一个参数。

实例：某搅拌机采用变频拖动，生产工艺要求最高搅拌速度 n_{LH} = 600r/min，最低搅拌速度 n_{LL} = 150r/min。如果机械传动机构的传动比为 2，则拖动搅拌机的电动机最高转速为 1200r/min，最低转速为 300r/min。为了达到这个目的，可以设置变频器的上限频率和下限频率。上、下限频率的具体应用如图 2-16 所示。

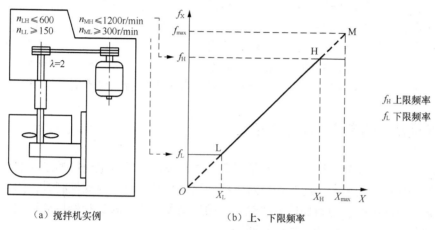

（a）搅拌机实例　　　　　　（b）上、下限频率

图 2-16　上限频率与下限频率的应用

3．回避频率

回避频率是指不希望变频器输出的交流电频率。在电力拖动系统的实际应用中，如果使用的交流电频率与电力拖动设备固有的频率一致时，就会引起电力拖动系统的谐振。通过设置变频器的回避频率即可避免引起电力拖动系统的谐振。

那么如何设置回避频率呢？通常是通过频率跳跃的方式实现设置回避频率，频率回避过程如图 2-17 所示。一般的变频器最多可以设置 3 个回避频率，回避频率示意如图 2-18 所示。

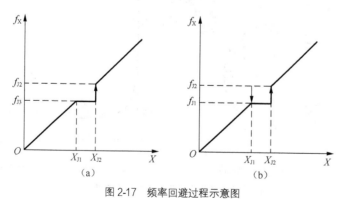

（a）　　　　　　　　　　（b）

图 2-17　频率回避过程示意图

设置回避频率的具体方法有两种：（1）设置回避的中心频率和回避宽度，如 41Hz、2Hz，则回避频率范围为 40～42Hz；（2）设置回避频率的上限频率和下限频率，如 43Hz、39Hz，则回避频率范围为 39～43Hz。

4. 点动频率

首先需要了解点动工作的概念，然后才能搞清楚点动频率的概念。点动工作是指使用控制按钮和交流接触器对异步电动机的运行和停止进行控制的工作方式，即按下控制按钮，交流接触器线圈通电，其主触点接通异步电动机定子电源，电动机以某一转速运行；松开控制按钮，交流接触器线圈失电，其主触点断开异步电动机定子电源，电动机停止运行。点动工作主要用于设备的调试过程。

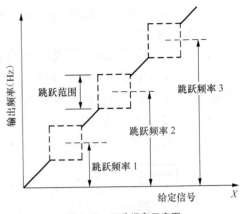

图 2-18　回避频率示意图

点动频率是指异步电动机在点动工作时使用的交流电频率。点动频率需要预先设置，其高低需要根据实际应用场合的要求来决定。点动频率一旦设置好后一般不需要调节。

2.2　异步电动机的启动和加速功能

在交流电力拖动控制系统中，要想使设备运转起来，则异步电动机的启动和加速是不可避免的。控制异步电动机的启动和加速对于很好地满足交流电力拖动控制系统的要求是非常重要的。异步电动机的启动和加速方法包括工频启动和加速、软启动器启动和加速、转子串联电阻启动和加速、变频启动和加速共四种。

2.2.1　工频启动和加速

异步电动机的工频启动和加速就是把异步电动机的定子绕组直接与工频交流电源相接，然后异步电动机即可得电启动工作，转速由零一直加速到工作转速后稳定工作。异步电动机的工频启动和加速过程具有时间很短（不足 1s）、启动电流很大（是电动机额定电流的 5～7 倍）、对电网电压干扰较大、机械冲击较大等特点。异步电动机工频启动和加速的电流及其影响如图 2-19 所示。

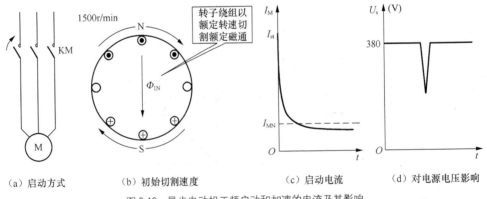

图 2-19　异步电动机工频启动和加速的电流及其影响

异步电动机工频启动和加速的过程如图 2-20 所示。其中曲线①是异步电动机的机械特性；曲线②是负载的机械特性。在工频启动加速过程中，动态转矩是很大的，这将导致生产机械的各部件在启动过程中受到很大的机械冲击，使生产机械的使用寿命受到影响。

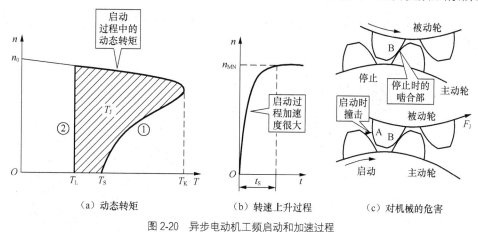

图 2-20　异步电动机工频启动和加速过程

2.2.2　软启动器启动和加速

异步电动机的软件启动器启动和加速就是利用交流调压器来给异步电动机的定子绕组供电，交流调压器的输出电压可以从很低电压开始按设置的启动时间逐渐升高，异步电动机逐渐启动起来，转速由零一直加速到工作转速后稳定工作。异步电动机的软件启动器启动和加速过程具有启动电流不大、动态转矩不大、启动过程延长、传动机构之间的机械冲击减轻、对电网电压干扰较小、启动转矩减小、不适用于重载启动的场合等特点。异步电动机软启动器启动和加速的启动电流及启动过程如图 2-21 所示。

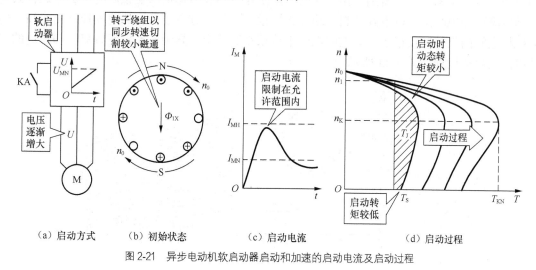

图 2-21　异步电动机软启动器启动和加速的启动电流及启动过程

2.2.3　转子串联电阻启动和加速

异步电动机的转子串联电阻启动和加速就是把绕线异步电动机的定子绕组直接与工频交流电源相接，三相转子绕组串接多级电阻，然后利用转子串接电阻的切换来控制启动电流的大小，使绕线异步电动机逐渐启动起来，转速由零一直加速到工作转速后稳定工作。异步电动机的转子串联电阻启动和加速过程具有启动电流减小、动态转矩减小、启动过程较缓慢、传动机构之间的机械冲击稍减轻、对电网电压干扰稍小、可以在一定范围内进行有级调速、启动转矩较大、适用于重载启动的场合等特点。异步电动机转子串联电阻启动和加速的启动电流及启动过程如图 2-22 所示。

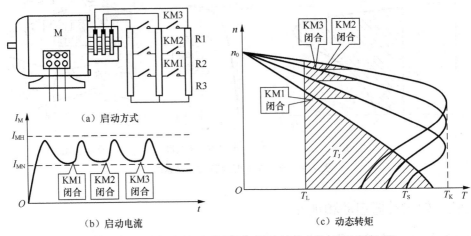

图 2-22　异步电动机转子串联电阻启动和加速的启动电流及启动过程

2.2.4　变频启动和加速

异步电动机的变频启动和加速就是利用变频器来给异步电动机的定子绕组供电，变频器输出交流电的频率可以从"启动频率"开始按设置的加速时间逐渐升高，异步电动机逐渐启动起来，转速由零一直加速到工作转速后稳定工作。异步电动机的变频启动和加速过程具有启动电流和加速时间可以很好控制、动态转矩很小、升速过程平稳、加速度控制精度高、传动机构之间的机械冲击很小、对电网电压干扰很小等特点。异步电动机变频启动和加速的启动电流及启动过程如图 2-23 所示。

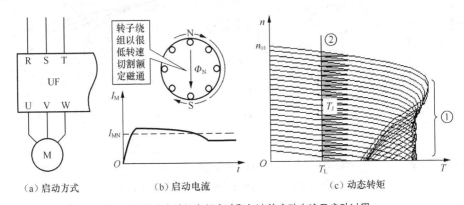

图 2-23　异步电动机变频启动和加速的启动电流及启动过程

异步电动机变频启动的加速时间是指变频器输出交流电的频率从 0Hz 上升到基本频率所需要的时间，或者是指变频器输出交流电的频率频率从 0Hz 上升到最高频率所需要的时间。异步电动机变频启动的加速时间与启动电流的关系如图 2-24 所示。由该图可以看出，加速时间长，意味着频率上升慢，旋转磁场的转速也缓慢上升，异步电动机转子转速跟得上同步转速的上升，在启动过程中能保持较小的转差，从而启动电流较小；加速时间短，意味着频率上升较快，旋转磁场的转速也上升较快，转子的转速跟不上同步转速的上升，结果使转差增大，从而启动电流增大，甚至有可能因超过最大允许值而跳闸。

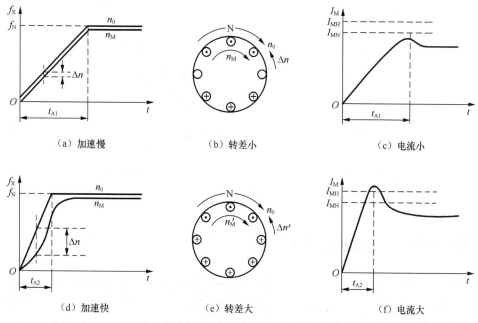

图 2-24　异步电动机变频启动的加速时间与启动电流

究竟加速时间设置多大合适呢？这是所有使用变频器的技术人员最关心的问题之一。加速时间设置的总体原则是：在变频器不过电流的前提下，加速时间设置得越短越好。具体的操作方法是逼近法，即先把加速时间设置长点，然后逐渐缩短加速时间，同时监控变频器的电流，直到变频器电流接近极限值为止，这时的加速时间就是要设置的加速时间。逼近法确定加速时间的示意图如图 2-25 所示。

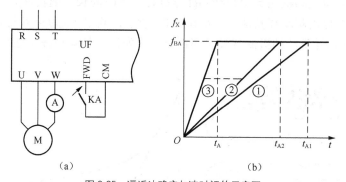

图 2-25　逼近法确定加速时间的示意图

变频器的加速过电流自处理功能：在变频拖动系统中，对于那些惯性较大的负载，如果异步电动机变频启动和加速的加速时间参数设置得过短，可能会因为变频拖动系统的转速变化跟不上交流电频率的变化而导致变频器因加速过电流而跳闸。为此一般变频器都设置了加速过电流自处理功能，也叫加速防止跳闸功能，即如果变频器加速电流超过了上限值，则变频器或通过暂停升速以减小加速电流，或通过延长加速时间以减小加速电流，待电流下降到上限值以下后再继续加速，从而防止因过电流而跳闸。变频器的加速过电流自处理功能如图 2-26 所示。

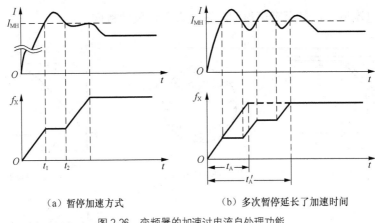

（a）暂停加速方式　　　　　　　（b）多次暂停延长了加速时间

图 2-26　变频器的加速过电流自处理功能

2.3　异步电动机的制动和减速功能

在交流电力拖动控制系统中，要想使正在运转的设备停下来，则异步电动机的制动和减速是不可避免的。控制异步电动机的制动和减速对于很好地满足交流电力拖动控制系统的要求是非常重要的。异步电动机的制动和减速方法包括自由制动和减速、变频制动和减速、变频加直流制动和减速共三种。

2.3.1　自由制动和减速

异步电动机的自由制动和减速就是把异步电动机的定子绕组直接与工频交流电源断开，然后异步电动机失去电磁转矩，在摩擦转矩和风阻转矩作用下制动和减速，转速由工作转速一直降速到 0。异步电动机的自由制动和减速过程具有时间长、随机性大、控制精度差等特点。异步电动机的自由制动和减速过程如图 2-27 所示，其中 t_{SP} 为异步电动机的自由制动和减速过程时间；τ 为异步电动机的减速时间常数，约为自由制动和减速过程时间的 1/3～1/5。

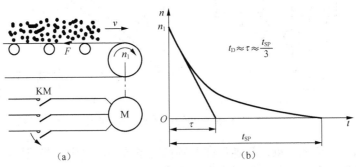

图 2-27　异步电动机的自由制动和减速过程

2.3.2　变频制动和减速

异步电动机的变频制动和减速就是利用变频器来给异步电动机的定子绕组供电，变频器输出交流电的频率可以从工作频率开始按设置的减速时间逐渐降低，旋转磁场转速下降并且低于转子转速，转子切割磁力线的方向发生变化，产生的电磁转矩方向与转子旋转方向相反，起到制动作用，异步电动机转速由工作转速一直降速到 0。异步电动机的变频制动和减速过程具有直流侧电压和减速时间可以很好控制、减速过程平稳、减速度控制精度高、传动机构之间的机械冲击很小等特点。异步电动机变频制动和减速过程如图 2-28 所示。异步电动机的变频制动和减速过程的泵生电压和制动电流如图 2-29 所示。

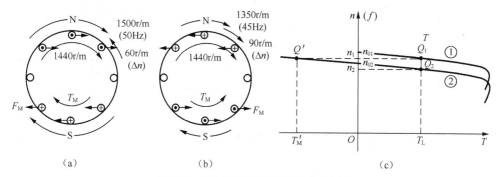

图 2-28　异步电动机变频制动和减速过程

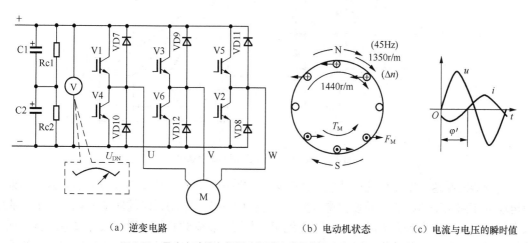

（a）逆变电路　　　　　　　　（b）电动机状态　　　　（c）电流与电压的瞬时值

图 2-29　异步电动机变频制动和减速过程的泵生电压和制动电流

　　异步电动机变频制动的减速时间是指变频器输出交流电的频率从基本频率下降到 0Hz 所需要的时间，或是指变频器输出交流电的频率从最高频率下降到 0Hz 所需要的时间。异步电动机变频制动的减速时间与直流侧电压的关系如图 2-30 所示。由该图可以看出，减速时间长，意味着频率下降慢，旋转磁场的转速也缓慢下降，异步电动机转子转速跟得上同步转速的下降，在制动过程中能保持较小的转差，负载回馈能量较少，从而直流侧电压较小；减速时间短，意味着频率下降较快，旋转磁场的转速也下降较快，转子的转速跟不上同步转速的下降，结果使转差增大，负载回馈能量增大，从而直流侧电压升高，甚至有可能因超过最大允许值而跳闸。

　　究竟减速时间设置多大合适呢？这也是所有使用变频器的技术人员最关心的问题之一。减速时间设置的总体原则是：在变频器直流侧不过电压的前提下，减速时间设置得越短越好。具体的操作方法是逼近法，即先把减速时间设置长点，然后逐渐缩短加速时间，同时监控变频器的直流侧电压，直到变频器的直流侧电压接近极限值为止，这时的减速时间就是要设置的减速时间。逼近法确定减速时间的示意图如图 2-31 所示。

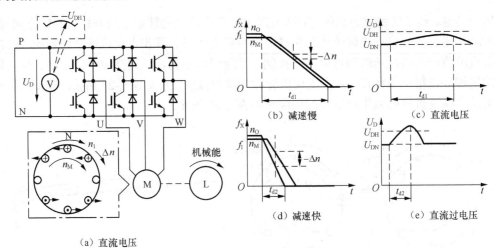

（a）直流电压

（b）减速慢

（c）直流电压

（d）减速快

（e）直流过电压

图 2-30 降速快慢与直流电压

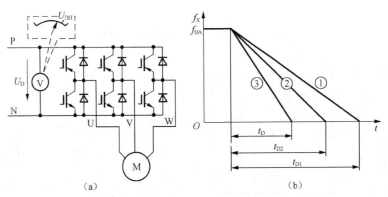

（a）

（b）

图 2-31 逼近法确定减速时间的示意图

变频器的减速过电压自处理功能：在变频拖动系统中，对于那些惯性较大的负载，如果异步电动机变频制动的减速时间设置得过短，可能会因为变频拖动系统的转速变化跟不上交流电频率的变化而导致变频器因减速过电压而跳闸。为此一般变频器都设置了减速过电压自处理功能，也叫减速防止跳闸功能，即如果变频器减速过电压超过了上限值，则变频器或通过暂停减速以减小减速过电压，或通过延长减速时间以减小减速过电压，待电压下降到上限值以下后再继续减速，从而防止因过电压而跳闸。变频器的减速过电压自处理功能如图 2-32 所示。

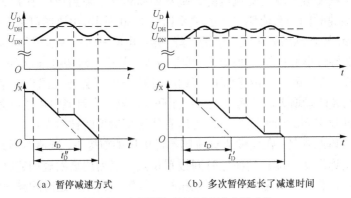

（a）暂停减速方式

（b）多次暂停延长了减速时间

图 2-32 变频器的减速过电压自处理功能

2.3.3 变频加直流制动和减速

异步电动机变频加直流制动和减速就是开始制动和减速时采用变频制动和减速方式，低速时首先切断异步电动机定子绕组的变频电源，然后再在任意两相定子绕组中接入直流电源，使定子绕组中产生空间位置不动的固定磁场，转子切割磁力线产生的电磁转矩方向与转子旋转方向相反，起到制动作用，异步电动机转速继续降低到 0。转子停住后，定子的直流磁场对转子还有一定的“吸住”作用，从而有效地克服了机械的“爬行”。异步电动机变频制动和减速过程具有直流侧电压和减速时间可以很好控制、减速过程平稳、减速度控制精度高、传动机构之间的机械冲击很小、避免大惯性负载的“爬行”等特点。异步电动机变频加直流制动和减速的应用实例如图 2-33 所示。

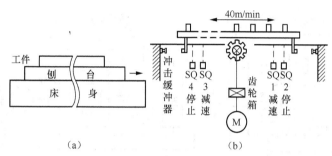

图 2-33 异步电动机变频加直流制动和减速的应用实例

异步电动机变频加直流制动和减速过程如图 2-34 所示。异步电动机变频加直流制动和减速功能的设置包括三个参数：（1）直流制动的起始频率 f_{DB}，取决于制动时间的要求，其大小与制动时间成反比关系；（2）直流制动电压 U_{DB}，取决于负载惯性，其大小与负载惯性成正比关系；（3）直流制动时间 t_{DB}，取决于爬行的控制要求，其大小与爬行的控制要求成正比关系。

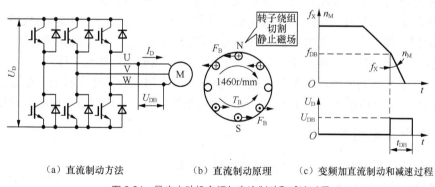

（a）直流制动方法　　（b）直流制动原理　　（c）变频加直流制动和减速过程

图 2-34 异步电动机变频加直流制动和减速过程

2.4 制动电阻和制动单元

在变频拖动系统中，当异步电动机处于再生发电制动状态时，机械能会转变成电能，通过与逆变管反并联的二极管传递到直流回路，对滤波电容充电，从而使直流回路电压升高，称为泵升电压。如果泵升电压不加以限制，就会超过允许限值，从而损坏变频器。如何解决这个问题呢？方法是采用制动电阻和制动单元。

2.4.1 能耗电路的作用与工况

1. 能耗电路的作用

泵升电压过高的原因是因为滤波电容上"堆积"的电荷太多了。如果在直流回路内接入一个放电的电阻 R_B，使滤波电容上多余的电荷很快地泄放掉，则泵升电压将很快下降，这个电阻称为制动电阻。如果滤波电容上多余的电荷很快泄放完后，制动电阻仍然接在直流回路内，则制动电阻必将继续消耗电能，这样不科学。为此又在直流回路内接入制动单元 BV，其作用是当泵升电压接近或超过上限值时，令 BV 导通，以便将泵升电压通过制动电阻和制动单元泄放掉；而当泵升电压低于上限值时，令 BV 断开，使制动电阻不再消耗电能。制动电阻 R_B 和制动单元 BV 合起来统称为能耗电路。能耗电路的作用如图 2-35 所示。

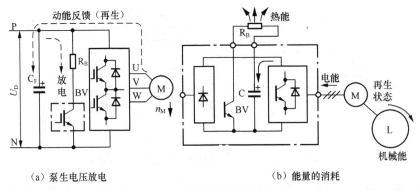

（a）泵生电压放电　　　　　　　　　（b）能量的消耗

图 2-35　能耗电路的作用

2. 能耗电路的工况

能耗电路的工况包括异步电动机不连续再生发电制动和连续再生发电制动两种，其中异步电动机不连续再生发电制动包括不反复减速和反复减速两种工况。

异步电动机不反复减速工况是指减速运行次数很少，但减速过程中变频器的泵升电压可能超过上限值，能耗电路会短时工作。异步电动机反复减速工况是指减速运行次数很多，每次减速过程中变频器的泵升电压都可能超过上限值，能耗电路会断续工作。

异步电动机连续再生制动工况是连续减速运行时，变频器的泵升电压上升超过上限值时，能耗电路工作；泵升电压下降低于上限值时，能耗电路断开，能耗电路会周而复始断续工作。

2.4.2 制动电阻的选择

制动电阻 R_B 的选择需要考虑阻值和功率两个参数。

1. 制动电阻的阻值估算

制动电阻 R_B 的阻值计算需要考虑直流回路的上限值 U_{DH} 和制动电流 I_B。统计资料表明，流过能耗电路的制动电流 I_B 等于异步电动机额定电流的一半时，异步电动机的制动转矩大约等于其额定转矩；通常情况下异步电动机的制动转矩取值为其额定转矩和两倍的额定转矩之间；这样可以根据异步电动机的制动转矩要求首先确定流过能耗电路的制动电流 I_B，然后再估算制动电阻 R_B 的阻值。制动电阻 R_B 的阻值估算如图 2-36 所示。

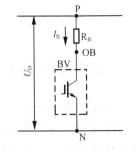

图 2-36　制动电阻的阻值估算

2. 制动电阻的功率估算

功率估算利用下面几个算式来实现，其中用于减速或停机时 $\partial_B = 0.1 \sim 0.5$，用于重力负载下降时 $\partial_B = 0.8 \sim 1.0$

$$R_B \geqslant \frac{U_{DH}}{I_B} \qquad\qquad P_{BO} = \frac{U_{DH}^2}{R_B}$$

$$U_{DH} > \sqrt{2}U_L(1+10\%) \qquad\qquad P_B \geqslant \partial_B P_{BO}$$

$$I_B = \frac{1}{2}I_{MN} \diagdown \diagup T_B \approx T_{MN} \longrightarrow R_B \approx \frac{2U_{DH}}{I_{MN}}$$

3. 使用发热元件自制制动电阻

制动电阻属于易损件，在变频器的实际应用中，可以使用工厂中常用的发热元件来自己制作制动电阻。具体方法是采用 9 个完全相同的发热元件分 3 组并联后再串联连接，总阻值等于一个发热元件的阻值，但是耐压是单一发热元件的 3 倍，功率是单一发热元件的 9 倍。发热元件自制制动电阻如图 2-37 所示。

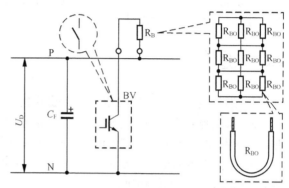

图 2-37　使用发热元件自制制动电阻

发热元件电阻值的计算：

假设：　　　　　P_{B0N}=2kW，U_{B0N}=220V

则：

$$R_{B0} = \frac{U_{BON}^2}{P_{BON}} = \frac{220^2}{2000} = 24.2\Omega$$

注意：计算的电阻值是热态电阻，冷态电阻比热态略小。

2.4.3　制动单元的基本原理

制动单元的原理框图如图 2-38 所示，其中 U_A 是与电压上限值 U_{DH}（700V）对应的基准电压，U_S 是采样电压，实际是直流电压 U_D 的分压，其大小与 U_D 成正比。将 U_S 和 U_A 通过比较器进行比较后工作如下：

$U_D > U_{DH}$ 时，$U_S > U_A$，比较器输入为"+"，驱动电路输出为"+"，则 BV 导通；
$U_D < U_{DH}$ 时，$U_S < U_A$，比较器输入为"−"，驱动电路输出为"−"，则 BV 截止。

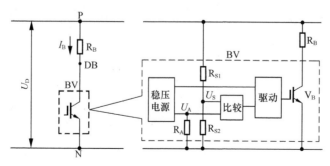

图 2-38　制动单元的原理框图

2.5 小结

本章介绍了通用变频器的常用功能，包括频率给定功能、异步电动机的启动和加速功能、异步电动机的制动和减速功能。频率给定功能包括模拟量频率给定功能、数字量频率给定功能和一些频率限制功能。讲述了异步电动机的启动和加速方法，包括工频启动和加速、软启动器启动和加速、转子串联电阻启动和加速、变频启动和加速共四种。分析了异步电动机的制动和减速方法，包括自由制动和减速、变频制动和减速、变频加直流制动和减速共三种。熟悉了能耗电路的作用与工况、制动电阻的选择，制动单元的基本原理。这部分内容很常用，非常重要，所以希望读者认真掌握。

2.6 习题

1．通用变频器的频率给定功能有哪几类？

2．某变频器采用外接电位器频率给定方式，要求电位器从"0"位旋到最大位"10V"时，输出频率的范围为0～30Hz，应该如何处理？

3．某变频器的电压给定范围是0～5V，但实际给定信号是1～5V，要求输出频率的范围为0～50Hz，应该如何解决？

4．异步电动机正反转的频率给定线有哪几种类型？各自的特点是什么？

5．最高频率和基本频率的区别在哪里？

6．上限频率和最高频率的区别在哪里？

7．某台变频拖动风机每当运行在22Hz时，就会严重振动，应该如何处理？

8．异步电动机的启动方式有哪几种？

9．异步电动机变频启动时，启动电流的大小与加速时间的关系是什么？

10．异步电动机的制动方式有哪几种？

11．异步电动机变频制动时，直流侧电压的大小与减速时间的关系是什么？

12．制动电阻与制动单元的作用是什么？

第 3 章　MM420 系列变频器介绍

MICROMASTER420 是用于控制三相交流电动机速度的变频器系列。该系列有多种型号，从单相电源电压、额定功率 120W 到三相电源电压、额定功率 11kW 可供用户选用。该变频器由微处理器控制，并采用具有现代先进技术水平的绝缘栅双极型晶体管（IGBT）作为功率输出器件。因此，它们具有很高的运行可靠性和功能多样性。其脉冲宽度调制的开关频率是可选的，因而降低了电动机运行的噪声。全面而完善的保护功能为变频器和电动机提供了良好的保护。MICROMASTER420 具有缺省的工厂设置参数，它是给数量众多的简单的电动机控制系统供电的理想变频驱动装置。由于 MICROMASTER420 具有全面而完善的控制功能，在设置相关参数以后，也可用于更高级的电动机控制系统。MICROMASTER 420 既可用于单机驱动系统，也可集成到"自动化系统"中。

3.1　MM420 系列变频器的特点及电气连接

3.1.1　MM420 系列变频器的特点

MM420 系列变频器的特性主要是易于安装、易于调试，电磁兼容性设计牢固，可由 IT（中性点不接地）电源供电，对控制信号的响应是快速和可重复的，其参数设置的范围很广，确保它可对广泛的应用对象进行配置。该系列变频器还具有电缆连接简便，模块化设计，配置灵活，脉宽调制的频率高等特点，因而电动机运行的噪声低。变频器具有详细的状态信息和信息集成功能，有多种可选件供用户选用：用于与 PC 通信的通信模块，基本操作面板（BOP），高级操作面板（AOP），用于进行现场总线通信的 PROFIBUS 通信模块。

MM420 系列变频器在使用性能方面具有以下特征。

- 磁通电流控制（FCC），改善动态响应和电动机的控制特性
- 快速电流限制（FCL）功能，实现正常状态下的无跳闸运行
- 内置的直流注入制动
- 复合制动功能改善了制动特性
- 加速/减速斜坡特性具有可编程的平滑功能
- 具有比例积分（PI）控制功能的闭环控制
- 多点 U/f 特性

MM420 系列变频器的保护特性如下。

- 过电压/欠电压保护
- 变频器过热保护
- 接地故障保护
- 短路保护
- I^2t 电动机过热保护
- PTC 电动机保护

3.1.2 电源和电动机的电气连接

MM420 系列变频器在投入使用时，必须可靠接地。在连接变频器或改变变频器接线之前，必须断开电源。在使用前，确保电动机与电源电压的匹配是正确的，不允许把单相/三相 230 V 的 MICROMASTER 变频器连接到电压更高的 400V 三相电源。

连接同步电动机或并联连接几台电动机时，变频器必须在 U/f 控制特性下（P1300 = 0，2 或 3）运行。

电源和电动机端子的接线和拆卸：打开变频器的盖子后，就可以连接电源和电动机的接线端子，连接端子如图 3-1 所示。电源和电动机的接线必须按照图 3-2 所示的方法进行。

图 3-1　MICROMASTER 420 变频器的连接端子

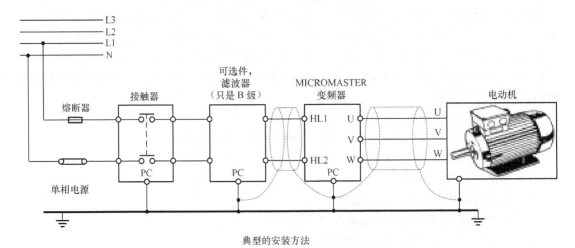

典型的安装方法

图 3-2　电动机和电源的接线方法

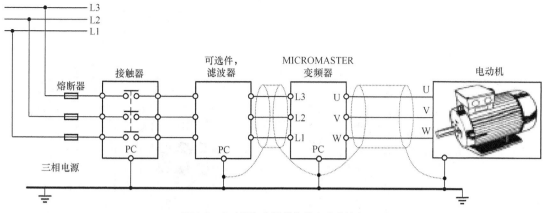

图 3-2 电动机和电源的接线方法（续）

3.2 MM420 系列变频器的基本调试

MICROMASTER420 变频器在标准供货方式时装有状态显示板（SDP）如图 3-3（a）所示。利用 SDP 和厂商的缺省设置值，即可使变频器成功地投入运行。当缺省设置值不符合设备要求，可以利用基本操作板（BOP）修改参数，如图 3-3（b）所示，使变频器符合设备要求投入使用。

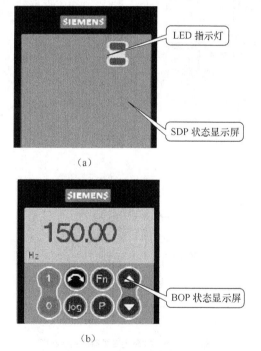

图 3-3 MICROMASTER 420 变频器的操作面板

3.2.1 MM420 系列变频器的结构方框图

MM420 系列变频器的结构框图如图 3-4 所示。

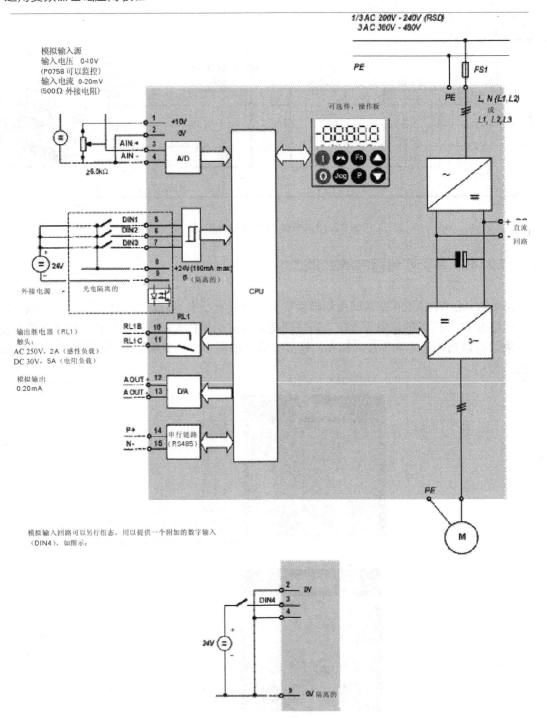

图 3-4   MM420 系列变频器的结构框图

3.2.2   用状态显示板进行调试和操作

面板上的状态显示板 SDP 有两个首次出现，应配中文如"LED 显示屏"，用于显示变频器当前的运行状态。

采用 SDP 时，SDP 操作时的缺省设置值如表 3-1 所示，变频器的予设置值必须与下列电动机数据兼容：

- 电动机额定功率
- 电动机额定电压
- 电动机额定电流
- 电动机额定频率

此外，必须满足以下条件：

- 线性 *U/f* 电动机速度控制，模拟电位计输入
- 50Hz 供电电源时，最大速度 3000r/min（60Hz 供电电源时为 3600r/min）；可以通过变频器的模拟输入电位计进行控制
- 斜坡加速时间/斜坡下降时间=10s

表 3-1　　　　　　　　　　　　用 SDP 操作时的缺省设置值

功 能 说 明	端 子 编 号	参　　　数	缺 省 操 作
数字输入 1	5	P0701='1'	ON，正向运行
数字输入 2	6	P0702='12'	反向运行
数字输入 3	7	P0703='9'	故障复位
输出继电器	10/11	P0731='52.3'	故障识别
模拟输出	12/13	P0771=21	输出频率
模拟输入	3/4	P0700=0	频率设置值
	1/2		模拟输入电源

使用变频器上装设的 SDP 可进行以下操作：

- 启动和停止电动机
- 电动机反向
- 故障复位
- 按图 3-5 所示的端子连接模拟输入信号，即可实现对电动机速度的控制

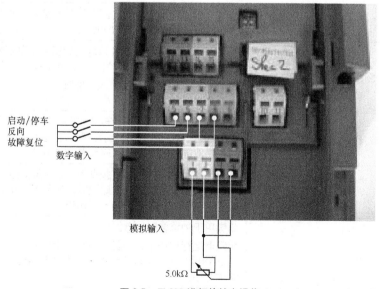

图 3-5　用 SDP 进行的基本操作

3.2.3 用基本操作板进行调试

利用基本操作面板（BOP）可以改变变频器的各个参数。为了利用 BOP 设置参数，必须首先拆下 SDP，并装上 BOP。

BOP 具有 7 段显示的五位数字，可以显示参数的序号和数值，报警和故障信息，以及设置值和实际值。参数的信息不能用 BOP 存储。

表 3-2 所示为由 BOP 操作时的工厂缺省设置值。

在此应该注意以下几点。

- 在默认设置时，用 BOP 控制电动机的功能是被禁止的。如果要用 BOP 进行控制，参数 P0700 应设置为 1，参数 P1000 也应设置为 1
- 变频器加上电源时，也可以把 BOP 装到变频器上，或从变频器上将 BOP 拆卸下来
- 如果 BOP 已经设置为 I/O 控制（P0700 = 1），在拆卸 BOP 时，变频器驱动装置将自动停车

表 3-2   用 BOP 操作时的缺省设置值

参　数	说　　明	缺　省　值
P0100	运行方式	50Hz，kW（60Hz，hp）
P0307	功率（电动机额定值）	kW（Hp）
P0310	电动机的额定频率	50Hz（60Hz）
P0311	电动机的额定速度	1395（1680）r/min[决定于变量]
P1082	最大电动机频率	50Hz（60Hz）

基本操作面板（BOP）上的按钮的功能如表 3-3 所示。

表 3-3   基本操作面板（BOP）上的按钮

显示/按钮	功　　能	功能说明
`r0000`	状态显示	LCD 显示变频器当前的设置值。
（I）	启动变频器	按此键启动变频器。默认值运行时此键是被封锁的。为了使此键的操作有效，应设置 P0700 =1。
（O）	停止变频器	OFF1：按此键，变频器将按选定的斜坡下降速率减速停车。默认值运行时此键被封锁；为了允许此键操作，应设置 P0700=1。 OFF2：按此键两次（或一次，但时间较长）电动机将在惯性作用下自由停车。此功能总是"使能"的
（改变方向）	改变电动机的转动方向	按此键可以改变电动机的转动方向。电动机的反向用负号（—）表示或用闪烁的小数点表示。默认值运行时此键是被封锁的，为了使此键的操作有效，应设置 P0700=1
（jog）	电动机点动	在变频器无输出的情况下按此键，将使电动机启动，并按预设置的点动频率运行。释放此键时，变频器停车。如果变频器/电动机正在运行，按此键将不起作用
（Fn）	功能	此键用于浏览辅助信息。 变频器运行过程中，在显示任何一个参数时按下此键并保持不动 2 秒钟，将显示以下参数值（在变频器运行中，从任何一个参数开始）

续表

显示/按钮	功　能	功　能　说　明
(Fn)	功能	1．直流回路电压（用 d 表示，单位：V） 2．输出电流（A） 3．输出频率（Hz） 4．输出电压（用 o 表示，单位：V）。 5．由 P0005 选定的数值（如果 P0005 选择显示上述参数中的任何一个（3，4，或 5），这里将不再显示）。 连续多次按下此键，将轮流显示以上参数。 跳转功能：在显示任何一个参数（r××××或 P××××）时短时间按下此键，将立即跳转到 r0000，如果需要的话，您可以接着修改其他的参数。跳转到 r0000 后，按此键将返回原来的显示点
(P)	访问参数	按此键即可访问参数
(▲)	增加数值	按此键即可增加面板上显示的参数数值
(▼)	减少数值	按此键即可减少面板上显示的参数数值

用基本操作面板（BOP）更改参数的数值

如何改变参数 P0004 的数值如表 3-4 所示。为修改下标参数数值的步骤如表 3-5 所示。按照这个表中说明的类似方法，可以用"BOP"设置任何一个参数。

表 3-4　　　　　　　　　　改变 P0004－参数过滤功能

操　作　步　骤	显示的结果
1 按 (P) 访问参数	r0000
2 按 (▲) 直到显示出 P0004	P0004
3 按 (P) 进入参数数值访问级	0
4 按 (▲) 或 (▼) 达到所需的数值	3
5 按 (P) 确认并存储参数的数值	P0004
6 使用者只能看到命令参数	

表 3-5　　　　　　　　　　修改下标参数 P0719

操　作　步　骤	显示的结果
1 按 (P) 访问参数	r0000
2 按 (▲) 直到显示出 P0719	P0719
3 按 (P) 进入参数数值访问级	in000
4 按 (P) 显示当前的设置值	0

续表

操 作 步 骤	显示的结果
5 按▲或▼选择运行所需要的最大频率	12
6 按P确认并存储 P0719 的设置值	P0719
7 按▼直到显示出 r0000	r0000
8 按P返回标准的变频器显示（由用户定义）	

注意：

修改参数的数值时，BOP 有时会显示 P----。表明变频器正忙于处理优先级更高的任务。

改变参数数值的一个数字：

为了快速修改参数的数值，可以一个个地单独修改显示出的每个数字确信已处于某一参数数值的访问级（参看"用 BOP 修改参数"），操作步骤如下：

（1）按Fn（功能键），最右边的一个数字闪烁；

（2）按▲/▼，修改这位数字的数值；

（3）再按Fn（功能键），相邻的下一位数字闪烁；

（4）执行 2 至 4 步，直到显示出所要求的数值；

（5）按P，退出参数数值的访问级。

3.3 MM420 系列变频器的使用

3.3.1 频率设置值（P1000）

标准的设置值：端子 3/4（AIN+/AIN−，0…10V 相当于 0…50/60 Hz）

可选的其他设置值：参看 P1000

3.3.2 命令源

1. 电动机启动

- 标准的设置值：端子 5（DIN1，高电平）
- 其他可选的设置值：参看 P0700 至 P0704

2. 电动机停车

电动机停车有几种方式：

- 标准的设置值：

OFF1 端子 5（DIN1，低电平）；

OFF2 用 BOP/AOP 上的 OFF（停车）按钮控制时，按下 OFF 按钮（持续 2s）或按两次 OFF（停车）按钮即可。（使用缺省设置值时，没有 BOP/AOP，因而不能使用这一方式）；

OFF3 在缺省设置时不激活。

- 其他可选的设置值：参看 P0700 至 P0704

3. 电动机反向
- 标准的设置值：端子 6（DIN2，高电平）
- 其他可选的设置值：参看 P0700 至 P0704

3.3.3　停车和制动功能

1. OFF1

这一命令（消除"ON"命令而产生的）使变频器按照选定的斜坡下降速率减速并停止转动。

ON 命令和后继的 OFF1 命令必须来自同一信号源。如果"ON/OFF1"的数字输入命令不止由一个端子输入，那么，只有最后一个设置的数字输入，例如 DIN3 才是有效的。OFF1 也可以同时具有直流注入制动或复合制动。

2. OFF2

这一命令使电动机在惯性作用下滑行，最后停车（脉冲被封锁）。

OFF2 命令可以有一个或几个信号源。OFF2 命令以缺省方式设置到 BOP/AOP。即使参数 P0700 至 P0704 之一定义了其他信号源，这一信号源依然存在。

3. OFF3

OFF3 命令使电动机快速地减速停车。

在设置了 OFF3 的情况下，为了启动电动机，二进制输入端必须闭合（高电平）。如果 OFF3 为高电平，电动机才能启动并用 OFF1 或 OFF2 方式停车。如果 OFF3 为低电平，电动机是不能启动的。

OFF3 可以同时具有直流制动或复合制动。

4. 直流注入制动

直流注入制动可以与 OFF1 和 OFF3 同时使用。向电动机注入直流电流时，电动机将快速停止，并在制动作用结束之前一直保持电动机轴静止不动。
- 设置直流注入制动功能：参看 P0701 至 P0704
- 设置直流制动的持续时间：参看 P1233
- 设置直流制动电流：参看 P1232

如果没有数字输入端设置为直流注入制动，而且 P1233≠0，那么直流制动将在每个 OFF1 命令之后起作用。

5. 复合制动

复合制动可以与 OFF1 和 FF3 命令同时使用。为了进行复合制动，应在交流电流中加入一个直流分量。

设置制动电流：参看 P1236

3.3.4　控制方式

MICROMASTER420 变频器的所有控制方式都是基于 U/f 控制特性。下面各种不同的控制关系适用于如下各种不同的应用对象：
- 线性 U/f 控制，P1300=0

可用于可变转矩和恒定转矩的负载，例如带式运输机和正排量泵类。
- 带磁通电流控制（FCC）的线性 U/f 控制，P1300 = 1

这一控制方式可用于提高电动机的效率和改善其动态响应特性。

- 抛物线（平方）*U/f* 控制 P1300 = 2

这一方式可用于可变转矩负载，例如风机和水泵。

3.4　MM420 系列变频器的系统参数

3.4.1　系统参数简介

变频器的参数只能用基本操作面板（BOP），高级操作面板（AOP）或者通过串行通信接口进行修改。

用 BOP 可以修改和设置系统参数，使变频器具有期望的特性，例如，斜坡时间，最小和最大频率等。选择的参数号和设置的参数值在五位数字的 LCD（可选件）上显示。

- 只读参数用 r ××××表示，P××××表示设置的参数
- P0010 启动"快速调试"
- 如果 P0010 被访问以后没有设置为 0，变频器将不运行。如果 P3900 > 0，这一功能是自动完成的
- P0004 的作用是过滤参数，据此可以按照功能去访问不同的参数
- 如果试图修改一个参数，而在当前状态下此参数不能修改，例如，不能在运行时修改该参数或者该参数只能在快速调试时才能修改，那么将显示 ▭▭▭▭▭
- 忙碌信息

某些情况下，在修改参数的数值时 BOP 上显示 ▭P▭▭▭▭ 最多可达 5s。这种情况表示变频器正忙于处理优先级更高的任务。

变频器的参数有 4 个用户访问级；即标准访问级，扩展访问级，专家访问级和维修级。访问的等级由参数 P0003 来选择。对于大多数应用对象，只要访问标准级（P0003 = 1）和扩展级（P0003 = 2）参数就足够了。

每组功能中出现的参数号取决于 P0003 中设置的访问级。

3.4.2　参数概览

参数概览如图 3-6 所示。

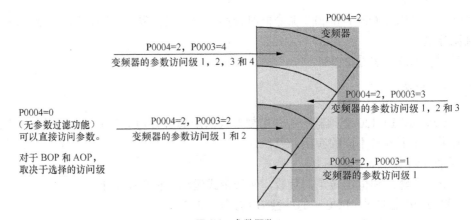

图 3-6　参数概览

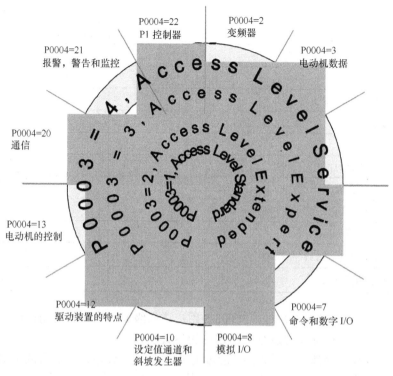

P0004=22 P1 控制器
P0004=2 变频器
P0004=21 报警，警告和监控
P0004=3 电动机数据
P0004=20 通信
P0004=13 电动机的控制
P0004=12 驱动装置的特点
P0004=7 命令和数字 I/O
P0004=10 设定值通道和斜坡发生器
P0004=8 模拟 I/O

图 3-6　参数概览（续）

3.5　MM420 系列变频器的主要参数表

3.5.1　快速调试

为了进行快速调试（P0010 = 1），必须进行必要的参数设置，如表 3-6 所示。

表 3-6 快速调试参数

参　数　号	参数名称	访　问　级	Cstat
P0100	欧洲/北美地区	1	C
P0300	选择电动机的类型	2	C
P0304	电动机的额定电压	1	C
P0305	电动机的额定电流	1	C
P0307	电动机的额定功率	1	C
P0308	电动机的额定功率因数	2	C
P0309	电动机的额定效率	2	C
P0310	电动机的额定频率	1	C
P0311	电动机的额定速度	1	C
P0320	电动机的磁化电流	3	CT
P0335	电动机的冷却	2	CT

参　数　号	参数名称	访　问　级	Cstat
P0640	电动机的过载倍数 [%]	2	CUT
P0700	选择命令源	1	CT
P1000	选择频率设置值	1	CT
P1080	最小速度	1	CUT
P1082	最大速度	1	CT
P1120	斜坡上升时间	1	CUT
P1121	斜坡下降时间	1	CUT
P1135	OFF3 停车时的斜坡下降时间	2	CUT
P1300	控制方式	2	CT
P1910	选择电动机数据自动检测	2	CT
P3900	快速调试结束	1	C

当选择 P0010 = 1（快速调试）时，P0003（用户访问级）用来选择要访问的参数。这一参数也可以用来选择由用户定义的进行快速调试的参数表。

在快速调试的所有步骤都已完成以后，应设置 P3900 = 1，以便进行必要的电动机数据的计算，并将其他所有的参数（不包括 P0010 = 1）恢复到它们的缺省设置值。

为了把所有的参数都复位为工厂的缺省设置值应按下列数据对参数进行设置。

设置 P0010 = 30

设置 P0970 = 1

大约需要 10s 才能完成复位的全部过程，将变频器的参数复位为工厂的缺省设置值。

表 3-6 中 Cstat 是指参数的调试状态可能有如下三种状态：

调试：C

运行：U

准备运行：T

这是表示该参数在什麼时候允许进行修改。对于一个参数可以指定一种，两种或全部三种状态。如果三种状态都指定了，就表示这一参数的设置值在变频器的上述三种状态下都可以进行修改。

3.5.2　参数的说明

1. 常用参数设置如表 3-7 所示。

表 3-7　　　　　　　　　　常用参数

参　数　号	参　数　名　称	缺　省　值	用户访问级
r0000	驱动装置的显示	—	1
P0003	用户访问级	1	1
P0004	参数过滤器	0	1
P0010	调试参数过滤器	0	1

参数 P0003 用于定义用户访问参数组的等级。对于大多数简单的应用对象，采用缺省设置值（标准模式）就可以满足要求了。

可能的设置值：

"0"表示用户定义的参数表，有关使用方法的详细情况请参看 P0013 的说明。

"1"表示标准级：可以访问最经常使用的一些参数。

"2"表示扩展级：允许扩展访问参数的范围例如变频器的 I/O 功能。

"3"表示专家级：只供专家使用。

"4"表示维修级：只供授权的维修人员使用，具有密码保护。

参数 P0004 能够按功能的要求筛选（过滤）出与该功能有关的参数。这样，可以更方便地进行调试。例如，P0004 = 22 选定的功能是，只能看到 PID 参数。

P0004 可能的设置值：

"0"表示全部参数

"2"表示变频器参数

"3"表示电动机参数

"7"表示命令，二进制 I/O

"8"表示 ADC（模-数转换）和 DAC（数-模转换）

"10"表示设置值通道/RFG 斜坡函数发生器

"12"表示驱动装置的特征

"13"表示电动机的控制

"20"表示通信

"21"表示报警/警告/监控

"22"表示工艺参量控制器例如 PID

参数 P0010 的设置值对与调试相关的参数进行过滤，只筛选出那些与特定功能组有关的参数。

P0010 可能的设置值：

"0"表示准备

"1"表示快速调试

"2"表示变频器

"29"表示下载

"30"表示工厂的设置值

2. 变频器参数（P0004 = 2）设置如表 3-8 所示。

参数 P0040 将参数 r0039（能量消耗计量表）的值复位为 0。

可能的设置值：

"0"表示不复位

"1"表示将 r0039 复位为 0

参数 P0210 优化直流电压控制器，如果电动机的再生能量超过限值，将延长斜坡下降的时间，否则可能引起直流回路过电压跳闸。

降低 P0210 的值时，控制器将更早地削平直流回路过电压的峰值，从而减少产生过电压的危险。

如果电源电压高于输入值，直流回路电压控制器可能自动退出激活状态，以避免电动机加速。这种情况出现时将发出报警信号（A0910）。

参数 P1800 能够设置变频器功率开关的调制脉冲频率。这一脉冲频率每级可改变 2kHz。

如果 380~480V 变频器选择的脉冲频率大于 4kHz，那么，电动机的最大连续工作电流应降低。

表 3-8 变频器参数

参 数 号	参 数 名 称	缺 省 值	用户访问级
r0026	CO：直流回路电压实际值	—	2
r0037	CO：变频器的温度 [°C]	—	3
r0039	CO：能量消耗计量表 [kWh]	—	2
P0040	能量消耗计量表复位	0	2
r0200	功率组件的实际标号	—	3
r0201	功率组件的标号	0	3
r0203	变频器的实际类型	—	3
r0204	功率组件的特征	—	3
r0206	变频器的额定功率 [kW] / [hp]	—	2
r0207	变频器的额定电流	—	2
r0208	变频器的额定电压	—	2
P0210	直流供电电压	230	3
P0292	变频器的过载报警	15	3
P1800	脉冲频率	4	2
r1801	CO：实际的开关频率	—	3
P1802	调制方式	0	3

最低的脉冲频率取决于 P1082（最大频率）和 P0310（电动机的额定频率）。电动机频率的最大值（P1082）受脉冲频率（P1800）的限制（参看参数 P1082）。

在脉冲频率为 4kHz，环境温度高达 50°C 的情况下（恒转矩运行方式），变频器仍然可以输出满刻度电流；超过 50°C 以上时，脉冲频率若为 8kHz，变频器也可以输出满刻度电流。如果变频器运行时并不要求绝对地寂静，可选用较低的调制脉冲频率，这将有利于减少变频器的损耗和降低射频干扰发射的强度。

在一定的环境条件下，可以减少变频器的开关频率，为变频器提供过温保护，保证设备不致因过温而损坏。

参数 P1802 可以选择变频器的调制方式。

可能的设置值：

"0" 表示 SVM / ASVM（空间矢量调制 / 不对称空间矢量调制）自动方式

"1" 表示不对称 SVM

"2" 表示空间矢量调制

3. 电动机参数（P0001 = 3）设置如表 3-9 所示。

参数 P0300 用于选择电动机的类型。调试期间，在选择电动机的类型和优化变频器的特性时需要选定这一参数。实际使用的电动机大多是异步电动机；如果不能确定所用的电动机是否是异步电动机，按以下的公式进行计算：

（电动机的额定频率（P0310）* 60）/ 电动机的额定速度（P0311）

如果计算结果是一个整数，该电动机应是同步电动机。

可能的设置值：

"1" 表示异步电动机

"2" 表示同步电动机

表 3-9　　　　　　　　　　　　　　　电动机参数

参 数 号	参 数 名 称	默 认 值	用户访问级
r0035	CO：电动机温度实际值	—	2
P0300	选择电动机类型	1	2
P0304	电动机额定电压	230	1
P0305	电动机额定电流	3.25	1
P0307	电动机额定功率	0.75	1
P0308	电动机额定功率因数	0	2
P0309	电动机额定效率	0	2
P0310	电动机额定频率	50	1
P0311	电动机额定速度	0	1
r0313	电动机的极对数	—	3
P0320	电动机的磁化电流	0	3
r0330	电动机的额定滑差	—	3
r0331	电动机的额定磁化电流	—	3
r0332	电动机额定功率因数	—	3
P0335	电动机的冷却方式	0	2
P0340	电动机模型参数的计算	0	2
P0344	电动机的重量	9.4	3
P0346	磁化时间	1	3
P0347	祛磁时间	1	3
P0350	定子电阻（线间）	4.0	2
r0370	定子电阻 [%]	—	4
r0372	电缆电阻 [%]	—	4
r0373	额定定子电阻 [%]	—	4
r0374	转子电阻 [%]	—	4
r0376	额定转子电阻 [%]	—	4
r0377	总漏抗[%]	—	4
r0382	主电抗	—	4
r0384	转子时间常数	—	3
r0386	总漏抗时间常数	—	4
r0395	CO：定子总电阻[%]	—	3

续表

参 数 号	参 数 名 称	默 认 值	用户访问级
P0610	电动机 I2 t 过温的应对措施	2	3
P0614	电动机 I2 t 过载报警的电平	100	2
P0640	电动机的电流限制	150	2
P1910	选择电动机数据是否自动测定	0	2
r1912	自动测定的定子电阻	—	2

只能在 P0010 = 1（快速调试）时才可以改变本参数。如果所选的电动机是同步电动机，那么，以下功能是无效的：

功率因数（P0308）

电动机效率（P0309）

磁化时间（P0346（第 3 访问级）

祛磁时间（P0347（第 3 访问级）

滑差补偿（P1335）

滑差限值（P1336）

电动机的磁化电流（P0320（第 3 访问级）

电动机的额定滑差（P0330）

额定磁化电流（P0331）

额定功率因数（P0332）

转子时间常数（P0384）

捕捉再启动（P1200，P1202（第 3 访问级），P1203（第 3 访问级））

直流注入制动（P1230（第 3 访问级），P1232，P1233）

参数 P0335 选择电动机采用的冷却系统。

可能的设置值：

"0"表示自冷：采用安装在电动机轴上的风机进行冷却

"1"表示强制冷却：采用单独供电的冷却风机进行冷却

参数 P0610 用于确定电动机的温度达到报警门限值时需要做出的应对措施。

可能的设置值：

"0"表示除报警外无应对措施

"1"报警，并降低最大电流 I_{max}（引起输出频率降低）

"2"报警和跳闸（F0011）

跳闸电平 = P0614（电动机的 I^2t 过载报警电平）* 110%

电动机 I^2t 过温保护功能的目的是计算或测量电动机的温度，并在电动机处于过温的危险状态时使变频器退出工作。电动机的温度与许多因素有关，包括电动机的尺寸，大气环境温度，电动机负载的历史状况，当然还有负载电流。（实际上，电流的平方决定了电动机的发热和随时间的温升——I^2t）。由于大多数电动机都采用内置的风机进行冷却，风机的运行速度与电动机相同，因此，电动机的速度对于它的温度也是很重要的影响因素。显然，在大电流（可能是由于"提升"功能产生的）和低转速状态下运行的电动机，将比运行在 50Hz 或 60Hz，满负载电流状态下的电动机过热得更快。MM4 变频器考虑了这些因素。为了保护变频器本身，传动装置还有变频器的 I^2t 保护功能（即过热保护，参看 P0290）。这一操作与电动机的 I^2t 过热保护功能无关，这里不再讨论。

参数 P1910 可以完成电动机数据的自动检测和电动机定子电阻的自动检测。

可能的设置值：

"0" 禁止自动检测功能

"1" 自动检测 R_s（定子电阻），并改写参数数值

"2" 自动检测 R_s，但不改写参数数值

如果电动机的数据不正确，就不进行自动检测。P1910 = 1：定子电阻的计算值（参看 P0350）被重写。P1910 = 2：已经得到的定子电阻计算值不重写。

4．命令和数字 I/O 参数（P0004 = 7）设置如表 3-10 所示。

参数 P0700 为选择数字的命令信号源。

可能的设置值：

"0" 表示工厂的缺省设置

"1" 表示 BOP（键盘）设置

"2" 表示由端子排输入

"4" 表示通过 BOP 链路的 USS 设置

"5" 表示通过 COM 链路的 USS 设置

"6" 表示通过 COM 链路的通讯板（CB）设置

改变这一参数时，同时也使所选项目的全部设置值复位为工厂的缺省设置值。例如：把它的设置值由 1 改为 2 时，所有的数字输入都将复位为缺省的设置值。

表 3-10　　命令和数字 I/O 参数

参 数 号	参 数 名 称	默认值	用户访问级
r0002	驱动装置的状态	—	2
r0019	CO/BO：BOP 控制字	—	3
r0052	CO/BO：激活的状态字 1	—	2
r0053	CO/BO：激活的状态字 2	—	2
r0054	CO/BO：激活的控制字 1	—	3
r0055	CO/BO：激活的控制字 2	—	3
P0700	选择命令源	2	1
P0701	选择数字输入 1 的功能	1	2
P0702	选择数字输入 2 的功能	12	2
P0703	选择数字输入 3 的功能	9	2
P0704	选择数字输入 4 的功能	0	2
P0719	选择命令和频率设置值	0	3
r0720	数字输入的数目	—	3
r0722	CO/BO：各个数字输入的状态	—	2
P0724	开关量输入的防颤动时间	3	3
P0725	选择数字输入的 PNP / NPN 接线方式	1	3
r0730	数字输出的数目	—	3

续表

参　数　号	参　数　名　称	默认值	用户访问级
P0731	BI：选择数字输出的功能	52：3	3
r0747	CO/BO：各个数字输出的状态	—	3
P0748	数字输出反相	0	3
P0800	BI：下载参数组 0	0：0	3
P0801	BI：下载参数组 1	0：0	3
P0840	BI：ON/OFF1	722.0	3
P0842	BI：ON/OFF1，反转方向	0：0	3
P0844	BI：1.OFF2	1：0	3
P0845	BI：2.OFF2	19：1	3
P0848	BI：1.OFF3	1：0	3
P0849	BI：2.OFF3	1：0	3
P0852	BI：脉冲使能	1：0	3
P1020	BI：固定频率选择，位 0	0：0	3
P1021	BI：固定频率选择，位 1	0：0	3
P1022	BI：固定频率选择，位 2	0：0	3
P1035	BI：使能 MOP（升速命令）	19.13	3
P1036	BI：使能 MOP（减速命令）	19.14	3
参数号	参数名称	缺省值	用户访问级
P1055	BI：使能正向点动	0.0	3
P1056	BI：使能正向点动	0.0	3
P1074	BI：禁止辅助设置值	0.0	3
P1110	BI：禁止负向的频率设置值	0.0	3
P1113	BI：反向	722.1	3
P1124	BI：使能点动斜坡时间	0.0	3
P1230	BI：使能直流注入制动	0.0	3
P2103	BI：1. 故障确认	722.2	3
P2104	BI：2. 故障确认	0.0	3
P2106	BI：外部故障	1.0	3
P2220	BI：固定 PID 设置值选择，位 0	0.0	3
P2221	BI：固定 PID 设置值选择，位 1	0.0	3
P2222	BI：固定 PID 设置值选择，位 2	0.0	3
P2235	BI：使能 PID-MOP（升速命令）	19.13	3
P2236	BI：使能 PID-MOP（减速命令）	19.14	3

参数 P0701 为选择数字输入 1 的功能。

可能的设置值：

"0" 表示禁止数字输入

"1" 表示 ON/OFF1（接通正转/停车命令 1）

"2" 表示 ONreverse/OFF1（接通反转/停车命令 1）

"3" 表示 OFF2（停车命令 2）——按惯性自由停车

"4" 表示 OFF3（停车命令 3）——按斜坡函数曲线快速降速停车

"9" 表示故障确认

"10" 表示正向点动

"11" 表示反向点动

"12" 表示反转

"13" 表示 MOP（电动电位计）升速（增加频率）

"14" 表示 MOP 降速（减少频率）

"15" 表示固定频率设置值（直接选择）

"16" 表示固定频率设置值（直接选择+ON 命令）

"17" 表示固定频率设置值（二进制编码选择+ON 命令）

"25" 表示直流注入制动

"29" 表示由外部信号触发跳闸

"33" 表示禁止附加频率设置值

"99" 表示使能 BICO 参数化

参数 P0702 为选择数字输入 2 的功能。

可能的设置值：

"0" 表示禁止数字输入

"1" 表示 ON/OFF1（接通正转/停车命令 1）

"2" 表示 ONreverse/OFF1（接通反转/停车命令 1）

"3" 表示 OFF2（停车命令 2）——按惯性自由停车

"4" 表示 OFF3（停车命令 3）——按斜坡函数曲线快速降速停车

"9" 表示故障确认

"10" 表示正向点动

"11" 表示反向点动

"12" 表示反转

"13" 表示 MOP（电动电位计）升速（增加频率）

"14" 表示 MOP 降速（减少频率）

"15" 表示固定频率设置值（直接选择）

"16" 表示固定频率设置值（直接选择+ON 命令）

"17" 表示固定频率设置值（二进制编码选择+ON 命令）

"25" 表示直流注入制动

"29" 表示由外部信号触发跳闸

"33" 表示禁止附加频率设置值

"99" 表示使能 BICO 参数化

参数 P0703 为选择数字输入 3 的功能。

可能的设置值：

"0" 表示禁止数字输入

"1" ON/OFF1（接通正转/停车命令1）

"2" ONreverse/OFF1（接通反转/停车命令1）

"3" OFF2（停车命令2）——按惯性自由停车

"4" OFF3（停车命令3）——按斜坡函数曲线快速降速停车

"9" 故障确认

"10" 正向点动

"11" 反向点动

"12" 反转

"13" MOP（电动电位计）升速（增加频率）

"14" MOP降速（减少频率）

"15" 固定频率设置值（直接选择）

"16" 固定频率设置值（直接选择+ON命令）

"17" 固定频率设置值（二进制编码选择+ON命令）

"25" 直流注入制动

"29" 由外部信号触发跳闸

"33" 禁止附加频率设置值

"99" 使能BICO参数化

参数P0719为选择变频器控制命令源的总开关。

在可以自由编程的BICO参数与固定的命令/设置值模式之间切换命令信号源和设置值信号源命令源和设置值源可以互不相关地分别切换。

可能的设置值

"0" 表示命令= BICO参数	设置值 = BICO参数
"1" 表示命令= BICO参数	设置值 = MOP设置值
"2" 表示命令= BICO参数	设置值 = 模拟设置值
"3" 表示命令= BICO参数	设置值 = 固定频率
"4" 表示命令= BICO参数	设置值 = BOP链路的USS
"5" 表示命令= BICO参数	设置值 = COM链路的USS
"6" 表示命令= BICO参数	设置值 = COM链路的CB
"10" 表示命令= BOP	设置值 = BICO参数
"11" 表示命令= BOP	设置值 = MOP设置值
"12" 表示命令= BOP	设置值 = 模拟设置值
"13" 表示命令= BOP	设置值 = 固定频率
"14" 表示命令= BOP	设置值 = BOP链路的USS
"15" 表示命令= BOP	设置值 = COM链路的USS
"16" 表示命令= BOP	设置值 = COM链路的CB
"40" 表示命令= BOP链路的USS	设置值 = BICO参数
"41" 表示命令= BOP链路的USS	设置值 = MOP设置值
"42" 表示命令= BOP链路的USS	设置值 = 模拟设置值
"43" 表示命令= BOP链路的USS	设置值 = 固定频率

"44"表示命令＝ BOP 链路的 USS　　　设置值＝ BOP 链路的 USS
"45"表示命令＝ BOP 链路的 USS　　　设置值＝ COM 链路的 USS
"46"表示命令＝ BOP 链路的 USS　　　设置值＝ COM 链路的 CB
"50"表示命令＝ COM 链路的 USS　　　设置值＝ BICO 参数
"51"表示命令＝ COM 链路的 USS　　　设置值＝ MOP 设置值
"52"表示命令＝ COM 链路的 USS　　　设置值＝模拟设置值
"53"表示命令＝ COM 链路的 USS　　　设置值＝固定频率
"54"表示命令＝ COM 链路的 USS　　　设置值＝ BOP 链路的 USS
"55"表示命令＝ COM 链路的 USS　　　设置值＝ COM 链路的 USS
"56"表示命令＝ COM 链路的 USS　　　设置值＝ COM 链路的 CB
"60"表示命令＝ COM 链路的 CB　　　设置值＝ BICO 参数
"61"表示命令＝ COM 链路的 CB　　　设置值＝ MOP 设置值
"62"表示命令＝ COM 链路的 CB　　　设置值＝模拟设置值
"63"表示命令＝ COM 链路的 CB　　　设置值＝固定频率
"64"表示命令＝ COM 链路的 CB　　　设置值＝ BOP 链路的 USS
"65"表示命令＝ COM 链路的 CB　　　设置值＝ COM 链路的 USS
"66"表示命令＝ COM 链路的 CB　　　设置值＝ COM 链路的 CB

5. 模拟 I/O 参数（P0004＝8）设置如表 3-11 所示。

表 3-11　　　　　　　　　　　　　模拟 I/O 参数

参 数 号	参 数 名 称	默 认 值	用户访问级
r0750	ADC（模/数转换输入）的数目	—	3
r0751	CO/BO：状态字：ADC 通道	—	4
r0752	ADC 的实际输入 [V]	—	2
P0753	ADC 的平滑时间	3	3
r0754	标定后的 ADC 实际值 [%]	—	2
r0755	CO：标定后的 ADC 实际值 [4000h]	—	2
P0756	ADC 的类型	0	2
P0757	ADC 输入特性标定的 x1 值	0	2
P0758	ADC 输入特性标定的 y1 值	0.0	2
P0759	ADC 输入特性标定的 x2 值	10	2
P0760	ADC 输入特性标定的 y2 值	100.0	2
P0761	ADC 死区的宽度	0	2
P0762	信号消失的延迟时间	10	3
r0770	DAC（数/模转换输出）的数目	—	3
P0771	CI：DAC 输出功能选择	21:0	2
P0773	DAC 的平滑时间	2	3
r0774	实际的 DAC 输出值	—	2
r0776	DAC 的类型	0	3

续表

参 数 号	参 数 名 称	默 认 值	用户访问级
P0777	DAC 输出特性标定的 x1 值	0.0	2
P0778	DAC 输出特性标定的 y1 值	0	2
P0779	DAC 输出特性标定的 x2 值	100.0	2
P0780	DAC 输出特性标定的 y2 值	20	2
P0781	DAC 死区的宽度	0	2

6. 设置值通道和斜坡函数发生器参数（P0004 = 10）设置如表 3-12 所示。

表 3-12　　　　　　　　　设置值通道和斜坡函数发生器参数

参 数 号	参 数 名 称	默 认 值	用户访问级
P1000	选择频率设置值	2	1
P1001	固定频率 1	0.00	2
P1002	固定频率 2	5.00	2
P1003	固定频率 3	10.00	2
P1004	固定频率 4	15.00	2
P1005	固定频率 5	20.00	2
P1006	固定频率 6	25.00	2
P1007	固定频率 7	30.00	2
P1016	固定频率方式——位 0	1	3
P1017	固定频率方式——位 1	1	3
P1018	固定频率方式——位 2	1	3
r1024	CO：固定频率的实际值	—	3
P1031	存储 MOP 的设置值	0	2
P1032	禁止反转的 MOP 设置值	1	2
P1040	MOP 的设置值	5.00	2
r1050	CO：MOP 的实际输出频率	—	3
P1058	正向点动频率	5.00	2
P1059	反向点动频率	5.00	2
P1060	点动的斜坡上升时间	10.00	2
P1061	点动的斜坡下降时间	10.00	2
P1070	CI：主设置值	755.0	3
P1071	CI：标定的主设置值	1.0	32
P1075	CI：辅助设置值	0.0	3
P1076	CI：标定的辅助设置值	1.0	3
r1078	CO：总的频率设置值	—	3
r1079	CO：选定的频率设置值	—	3
P1080	最小频率	0.00	1

续表

参 数 号	参 数 名 称	默 认 值	用户访问级
P1082	最大频率	50.00	1
P1091	跳转频率 1	0.00	3
P1092	跳转频率 2	0.00	3
P1093	跳转频率 3	0.00	3
P1094	跳转频率 4	0.00	3
P1101	跳转频率的带宽	2.0	3
r1114	CO：方向控制后的频率设置值	—	3
r1119	CO：未经斜坡函数发生器的频率设置值	—	3
P1120	斜坡上升时间	10.00	1
P1121	斜坡下降时间	10.00	1
P1130	斜坡上升起始段圆弧时间	0.00	2
P1131	斜坡上升结束段圆弧时间	0.00	2
P1132	斜坡下降起始段圆弧时间	0.00	2
P1133	斜坡下降结束段圆弧时间	0.00	2
P1134	平滑圆弧的类型	0	2
P1135	OFF3 斜坡下降时间	5.00	2
P1140	BI：斜坡函数发生器使能	1.0	4
P1141	BI：斜坡函数发生器开始	1.0	4
P1142	BI：斜坡函数发生器使能设置值	1.0	4
r1170	CO：通过斜坡函数发生器后的频率设置值	—	3

7. 驱动装置特点参数（P0004 = 12）设置如表 3-13 所示。

表 3-13   驱动装置特点参数

参 数 号	参 数 名 称	默 认 值	用户访问级
P0005	选择需要显示的参量	21	2
P0006	显示方式	2	3
P0007	背板亮光延迟时间	0	3
P0011	锁定用户定义的参数	0	3
P0012	用户定义的参数解锁	0	3
P0013	用户定义的参数	0	3
P1200	捕捉再启动投入	0	2
P1202	电动机电流：捕捉再启动	100	3
P1203	搜寻速率：捕捉再启动	100	3
P1204	状态字：捕捉再启动	—	4
P1210	自动再启动	1	2
P1211	自动再启动的重试次数	3	3

参 数 号	参 数 名 称	默 认 值	用户访问级
P1215	使能抱闸制动（MHB）	0	2
P1216	释放抱闸制动的延迟时间	1.0	2
P1217	斜坡下降后的抱闸保持时间	1.0	2
P1232	直流注入制动的电流	100	2
P1233	直流注入制动的持续时间	0	2
P1236	复合制动电流	0	2
P1240	直流电压（Vdc）控制器的组态	1	3
r1242	CO：最大直流电压（Vdc-max）的接通电平	—	3
P1243	最大直流电压的动态因子	100	3
P1250	直流电压（Vdc）控制器的增益系数	1.00	4
P1251	直流电压（Vdc）控制器的积分时间	40.0	4
P1252	直流电压（Vdc）控制器的微分时间	1.0	4
P1253	直流电压控制器的输出限幅	10	3
P1254	直流电压接通电平的自动检测	1	3

8. 电动机的控制参数（P0004 = 13）设置如表 3-14 所示。

表 3-14　　　　　　　　　　电动机的控制参数

参 数 号	参 数 名 称	默 认 值	用户访问级
r0020	CO：实际的频率设置值	—	3
r0021	CO：实际频率	—	2
r0022	转子实际速度	3	3
r0024	CO：实际输出频率		3
r0025	CO：实际输出电压	—	2
r0027	CO：实际输出电流		2
r0034	电动机的 I2T 温度计算值		2
r0036	变频器的 I2T 过载利用率	—	4
r0056	CO/BO：电动机的控制状态		2
r0067	CO：实际的输出电流限值	—	3
r0071	CO：最大输出电压		3
r0078	CO：Isq 电流实际值	—	4
r0084	CO：气隙磁通的实际值	—	4
r0086	CO：有功电流的实际值	—	3
P1300	控制方式	1	2
P1310	连续提升	50.0	2
P1311	加速度提升	0.0	2
P1312	启动提升	0.0	2

续表

参 数 号	参 数 名 称	默 认 值	用户访问级
r1315	CO：总的提升电压	—	4
r1316	提升结束的频率	20.0	3
P1320	可编程 V／f 特性的频率座标 1	0.00	3
P1321	可编程 V／f 特性的电压座标 1	0.0	3
P1322	可编程 V／f 特性的频率座标 2	0.00	3
P1323	可编程 V／f 特性的电压座标.2	0.0	3
P1324	可编程 V／f 特性的频率座标.3	0.00	3
P1325	可编程 V／f 特性的电压座标.3	0.0	3
P1333	FCC 的启动频率	10.0	3
P1335	滑差补偿	0.0	2
P1336	滑差限值	250	2
r1337	CO：V／f 特性的滑差频率	—	3
P1338	V／f 特性谐振阻尼的增益系数	0.00	3
P1340	最大电流（Imax）控制器的比例增益系数	0.000	3
P1341	最大电流（Imax）控制器的积分时间	0.300	3
r1343	CO：最大电流（Imax）控制器的输出频率	—	3
r1344	CO：最大电流（Imax）控制器的输出电压	—	3
P1350	电压软启动	0	3

9．通信参数（P0004 = 20）设置如表 3-15 所示。

表 3-15   通信参数

参 数 号	参 数 名 称	默 认 值	用户访问级
P0918	CB（通信板）地址	3	2
P0927	修改参数的途径	15	2
r0964	微程序（软件）版本的数据	—	3
r0967	控制字 1	—	3
r0968	状态字 1	—	3
P0971	从 RAM 到 EEPROM 的传输数据	0	3
P2000	基准频率	50.00	2
P2001	基准电压	1000	3
P2002	基准电流	0.10	3
P2009	USS 标称化	0	3
P2010	USS 波特率	6	2
P2011	USS 地址	0	2
P2012	USS PZD 的长度	2	3
P2013	USS PKW 的长度	127	3
P2014	USS 停止发报时间	0	3
r2015	CO：从 BOP 链路传输的 PZD（USS）	—	3

续表

参 数 号	参 数 名 称	默 认 值	用户访问级
P2016	CI：将 PZD 发送到 BOP 链路（USS）	52：0	3
r2018	CO：从 COM 链路传输的 PZD（USS）	—	3
P2019	CI：将 PZD 发送到 COM 链路（USS）	52：0	3
r 2024	USS 报文无错误	—	3
r2025	USS 据收报文	—	3
P2026	USS 字符帧错误	—	3
P2027	USS 超时错误	—	3
r2028	USS 奇偶错误	—	3
P2029	USS 不能识别起始点	—	3
r2030	USS BCC 错误	—	3
r 2031	USS 长度错误	—	3
r2032	BO：从 BOP 链路（USS）传输的控制字（CtrlWrd）1	—	3
r2033	BO：从 BOP 链路（USS）传输的控制字（CtrlWrd）2	—	3
r2036	BO：从 COM 链路（USS）传输的控制字（CtrlWrd）1	—	3
r2037	BO：从 COM 链路（USS）传输的控制字（CtrlWrd）2	—	3
P2040	CB 报文停止时间	0	3
P2041	CB 参数	0	3
r2050	CO：由 CB 接收到的 PZD	—	3
P2051	CI：将 PZD 发送到 CB	52：0	3
r2053	CB 识别	—	3
r2054	CB 诊断	—	3
r2090	BO：CB 收到的控制字 1	—	3
r2091	BO：CB 收到的控制字 2	—	3

10．报警、警告和监控参数（P0004 = 21）设置如表 3-16 所示。

表 3-16　　　　　　　　　　报警，警告和监控参数

参 数 号	参 数 名 称	默 认 值	用户访问级
r0947	故障码	—	2
r0948	故障时间	—	3
r0949	故障数值	—	4
P0952	故障的总数	0	3
P2100	选择报警号	0	3
P2101	停车的反冲值	0	3
r2110	警告信息号	—	2
P2111	警告信息的总数	0	3
r2114	运行时间计数器	—	3
P2115	AOP 实时时钟	0	3
P2120	故障计数器	0	4

续表

参　数　号	参　数　名　称	默　认　值	用户访问级
P2150	回线频率 f_hys	3.00	3
P2155	门限频率 f1	30.00	3
P2156	门限频率 f1 的延迟时间	10	3
P2164	回线频率差	3.00	3
P2167	关断频率 f_off	1.00	3
P2168	延迟时间 T_off	10	3
P2170	门限电流 I_thresh	100.0	3
P2171	电流延迟时间	10	3
P2172	直流回路电压门限值	800	3
P2173	直流回路电压延迟时间	10	3
P2179	判定无负载的电流限值	3.0	3
P2180	判定无负载的延迟时间	2000	3
r2197	CO/BO：监控字 1	—	2
P3981	故障复位	0	4

11．PID 控制器参数（P0004 = 22）设置如表 3-17 所示。

表 3-17　　　　　　　　　　　　　　PID 控制器参数

参　数　号	参　数　名　称	默　认　值	用户访问级
P2200	BI：使能 PID 控制器	0：0	2
P2201	固定的 PID 设置值 1	0.00	2
P2202	固定的 PID 设置值 2	10.00	2
P2203	固定的 PID 设置值 3	20.00	2
P2204	固定的 PID 设置值 4	30.00	2
P2205	固定的 PID 设置值 5	40.00	2
P2206	固定的 PID 设置值 6	50.00	2
P2207	固定的 PID 设置值 7	60.00	2
P2216	固定的 PID 设置值方式——位 0	1	3
P2217	固定的 PID 设置值方式——位 1	1	3
P2218	固定的 PID 设置值方式——位 2	1	3
r2224	CO：实际的固定 PID 设置值	—	2
P2231	PID-MOP 的设置值存储	0	2
P2232	禁止 PID-MOP 的反向设置值	1	2
P2240	PID-MOP 的设置值	10.00	2
r2250	CO：PID-MOP 的设置值输出	—	2
P2253	CI：PID 设置值	0：0	2
P2254	CI：PID 微调信号源	0：0	3
P2255	PID 设置值的增益因子	100.00	3
P2256	PID 微调信号的增益因子	100.00	3

参 数 号	参 数 名 称	默 认 值	用户访问级
P2257	PID 设置值的斜坡上升时间	1.00	2
P2258	PID 设置值的斜坡下降时间	1.00	2
r2260	CO：实际的 PID 设置值	—	2
P2261	PID 设置值滤波器的时间常数	0.00	3
r2262	CO：经滤波的 PID 设置值	—	3
P2264	CI：PID 反馈	755：0	2
P2265	PID 反馈信号滤波器的时间常数	0.00	2
r2266	CO：PID 经滤波的反馈	—	2
P2267	PID 反馈的最大值	100.00	3
P2268	PID 反馈的最小值	0.00	3
P2269	PID 的增益系数	100.000	3
P2270	PID 反馈的功能选择器	0	3
P2271	PID 变送器的类型	0	2
r2272	CO：已标定的 PID 反馈信号	—	2
r2273	CO：PID 错误	—	2
P2280	PID 的比例增益系数	3.000	2
P2285	PID 的积分时间	0.000	2
P2291	PID 输出的上限	100.00	2
P2292	PID 输出的下限	0.00	2
P2293	PID 限定值的斜坡上升/下降时间	1.00	3
r2294	CO：实际的 PID 输出	—	2

3.6 小结

本章主要介绍 MM420 系列变频器的特点、电源和电动机的电气连接，并且通过图表等形式，使读者了解 MM420 系列变频器的组成结构以及基本的调试和使用方法。正确设置参数是使用变频器实现各种功能的基本要求，本章详细列举了 MM420 系列变频器常用的主要参数，供读者参考。本章学习的重点是理解变频器参数的含义，掌握变频器各种功能的参数设置方法。

3.7 习题

1. 简述 MM420 系列变频器的特点。
2. 简述 MM420 系列变频器的停车和制动功能。
3. 简述 MM420 系列变频器的控制方式。
4. 简述如何利用变频器调节电动机的转速。
5. 简述如何使电动机在固定的频率下启动。

第 4 章　MM420 系列变频器的功能操作

MM420 系列变频器（MicroMaster420）是德国西门子公司广泛应用于工业场合的多功能标准变频器。它采用高性能的矢量控制技术，提供低速高转矩输出和良好的动态特性，同时具备超强的过载能力，以满足广泛的应用场合。

了解 MM420 系列变频器的原理、构成及功能以后，需要进一步了解和掌握变频器的应用。本章主要学习变频器在交流调速系统中各种功能的应用操作。

4.1　基本操作

在对变频器进行运行操作前，需要将变频器的主回路和控制回路按需要接好。变频器的基本控制方式包括 5 种，分别是面板控制运行、外部数字量端子控制运行、外部模拟量端子控制运行、程序控制运行和 PID 控制运行。

4.1.1　面板控制运行

变频器的操作方式较多，最常用的方式就是在面板上对变频器进行各种操作。

MM420 变频器在标准供货方式时装有状态显示板（SDP），如图 3-3（a）所示。利用 SDP 和生产厂家的缺省设置值，就可以使变频器投入运行。如果工厂默认设置值不适合用户设备，需要修改参数，使设备与变频器相匹配，可选用可选件基本操作板（BOP）或高级操作板（AOP），如图 3-3（b）所示。

如果选用基本操作板 BOP 进行调试，BOP 上的按钮及其功能说明如表 3-3 所示。利用 BOP 上的按钮，可方便地设置及更改变频器的各个参数，实现对电动机的正转、反转和正向、反向点动等运行控制。

变频器面板频率给定方式不需要外部接控制线，只需操作面板上的◎/◎就可以实现频率的设置，方法简单，频率设置精度高，属于数字量频率设置，适用于单台变频器的频率设置。

MM420 在缺省设置时，用基本操作面板（BOP）控制电动机的功能是被禁止的。如果要用 BOP 进行控制，参数 P0700 应设置为 1（使能 BOP 操作板上的启动/停止按钮），参数 P1000 也应设置为 1（使能电动电位计的设置值）。修改参数的数值时，BOP 有时会显示"busy"，表明变频器正忙于处理优先级更高的任务。

变频器在实际应用中经常用到各类机械的定位点动控制和正转运行控制。下面通过介绍操作实例掌握面板控制的正反转和点动运行控制。

【操作实例 4-1】 通过变频器操作面板实现对电动机的正转、反转，正向、反向点动控制。这里选择型号为 JW7114 的交流笼型异步电动机，其额定功率 0.37kW，额定电压 380V，额定电流 1.05A，额定转速 1400r/min，额定频率 50Hz。

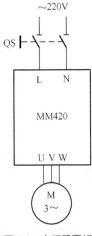

图 4-1 变频器面板基本操作连接图

【操作方法和步骤】

1. 按要求接线

将电源与变频器及电动机连接好，供电电源可以是单相交流电，也可以是三相交流电。单相交流电源连接如图 4-1 所示，检查电路正确无误后，合上电源开关 QS。

2. 参数设置

（1）参数复位

1）变频器在停车状态下，可对变频器参数复位为工厂的默认值，如表 4-1 所示。按下变频器操作面板（BOP）上的 P 键，开始复位，复位过程大约 3min。

表 4-1   恢复变频器工厂默认值

参 数 代 码	出 厂 值	设 置 值	说 明
P0010	0	30	参数为工厂的设置值
P0970	0	1	全部参数复位

2）参数含义详解。P0010 为调试参数过滤器，作用是对与调试相关的参数进行过滤，只筛选出那些与特定功能组有关的参数。

可能的设置值如下：

0——准备；

1——快速调试；

2——变频器；

29——下载；

30——工厂的缺省设置值。

缺省值为 P0010 = 0，在变频器投入运行之前应将本参数复位为 0。

在 P0010 = 1 时，变频器的调试可以非常快速和方便地完成。这时，只有一些重要的参数（例如 P0304、P0305 等）是可以看得见的。这些参数的数值必须一个一个地输入变频器。当 P3900 设置为 "1" ～ "3" 时，快速调试结束后，立即开始变频器参数的内部计算。然后自动把参数 P0010 复位为 0。

P0010 = 2 只用于维修。

P0010 = 29 为了利用 PC 工具（例如 DriveMonitor、STARTER）传送参数文件。首先应借助于 PC 工具将参数 P0010 设置为 "29"，并在下载完成以后，利用 PC 工具将参数 P0010 复位为 0。

在复位变频器的参数时，参数 P0010 必须设置为 "30"。从设置 P0970=1 起，便开始参数的复位。变频器将自动地把它的所有参数都复位为它们各自的缺省设置值。如果在参数调试过程中遇到问题，并且希望重新开始调试，这种复位操作方法是非常有用的。复位为工厂缺省设置值的时间大约要 180s。

P0970 工厂复位。此参数是指 P0970 = 1 时所有的参数都复位到它们的缺省值。

可能的设置值如下：

0——禁止复位；

1——参数复位。

需要注意的是，工厂复位前，首先要设置 P0010=30（工厂设置值），在把参数复位为缺省值之前，必须先把变频器停车（即封锁全部脉冲）。

（2）电动机参数设置

1）为了使电动机与变频器相匹配，需要对电动机参数进行正确的设置。电动机参数设置如表 4-2 所示。

表 4-2　　　　　　　　　　　　　电动机参数

参 数 代 码	出 厂 值	设 置 值	说　　明
P0003	1	1	设用户访问级为标准级
P0010	0	1	快速调试
P0100	0	0	使用地区：欧洲[kW]，f = 50Hz
*P0304	230	380	电动机额定电压（V）
*P0305	3.25	1.05	电动机额定电流（A）
*P0307	0.75	0.37	电动机额定功率（kW）
*P0310	50	50	电动机额定频率（Hz）
*P0311	0	1400	电动机额定转速（r/min）
P3900	0	1	结束快速调试

注：标"*"号的参数可根据实际选用的电机进行设置。

2）参数含义详解

P3900 快速调试结束。完成优化电动机的运行所需的计算。在完成计算以后，P3900 和 P0010（调试参数组）自动复位为它们的初始值 0。变频器当前处于准备状态，可正常运行。

可能的设置值如下：

0——不要快速调试；

1——结束快速调试，并按工厂设置使参数复位；

2——结束快速调试；

3——结束快速调试，只进行电动机数据的计算。

本参数的设置值选择为"1"时，只有通过调试菜单中"快速调试"完成计算的参数设置值才被保留；并进行电动机参数的计算。所有其他参数，包括 I/O 设置值，都将丢失。

本参数的设置值选择为"2"时，只计算与调试菜单中"快速调试"（P0010 = 1）有关的那样一些参数。I/O 设置值复位为它的缺省值，并进行电动机参数的计算。

本参数的设置值选择为"3"时，只完成电动机和控制器参数的计算。采用这一设置值，退出快速调试时节省时间（例如，如果只有电动机铭牌数据要修改时）。

（3）电动机正反转、点动的面板控制参数设置如表 4-3 所示。

表 4-3　　　　　　　　　　　　　　　　面板控制参数

参数代码	出厂值	设置值	说　明
P0003	1	1	设用户访问级为标准级
P0004	0	7	显示命令和数字 I/O 参数
P0700	2	1	选择命令源，由键盘（BOP）输入设置值
P0003	1	1	设用户访问级为标准级
P0004	0	10	显示设置值通道和斜坡函数发生器参数
P1000	2	1	频率设置值由 BOP（◎/◎）设置
*P1080	0	0	电动机运行的最低频率（Hz）
*P1082	50	50	电动机运行的最高频率（Hz）
*P1120	10	5	斜坡上升时间（s）
*P1121	10	5	斜坡上降时间（s）
P0003	1	2	设用户访问级为扩展级
P0004	0	10	显示设置值通道和斜坡函数发生器参数
P1032	1	0	禁止反转的 MOP（电动电位计）设置值
*P1040	5	20	MOP（电动电位计）的设置值（Hz）
*P1058	5	10	正向点动频率（Hz）
*P1059	5	10	反向点动频率（Hz）
*P1060	10	5	点动斜坡上升时间（s）
*P1061	10	5	点动斜坡下降时间（s）

注：标"*"号的参数可根据用户实际需要进行设置。

P1032 = 0 允许反转，可以用键入的设置值改变电动机的旋转方向（既可以用数字输入，也可以用按钮增加/减少电动机运行频率）。

3. 变频器运行操作

（1）变频器启动：在变频器的前操作面板上按运行键◎，变频器将驱动电动机升速，并运行在由 P1040 所设置的 20Hz 频率对应的 560r/min 的转速上。

（2）正反转及加减速运行：电动机的转速（运行频率）及旋转方向可直接通过按前操作面板上的增加键/减少键（◎/◎）来改变。

（3）反向运行：按操作面板上换向键◎，变频器将驱动电动机降速至零，然后改变转向再升速至设置值。

（4）点动运行：按下变频器前操作面板上的点动键◎，则变频器驱动电动机升速，并运行在由 P1058 所设置的正向点动 10Hz 频率值对应的 280r/min 的转速上。当松开变频器前操作面板上的点动键◎，则变频器将驱动电动机降速至零。这时，如果按下变频器前操作面板上的换向键◎，在重复上述的点动运行操作，电动机可在变频器的驱动下反向点动运行。

（5）电动机停车：在变频器的前操作面板上按停止键◎，则变频器将驱动电动机降速至零。

4. 注意事项

（1）接线完毕后一定要重复认真检查以防接线错误烧坏变频器，特别是主电源电路。

（2）在接线时变频器内部端子用力不得过猛，以防损坏。

（3）在送电和停电过程中要注意安全，特别是在停电过程中必须待面板 LED 显示全部熄灭情况下方可打开盖板。

（4）在变频器进行参数设置操作时应认真观察 LED 显示内容，以免发生错误，争取一次操作成功。

（5）由于变频器可直接切换其正、反转，必须注意使用时的安全。在变频器由正转切换为反转状态时加减速时间可根据电机容量和工作环境条件而定。

4.1.2 外部端子控制运行

在实际生产中，采用基本操作面板对变频器的控制只能是本地控制，而一些需要远程控制的场合就要用按钮、开关等器件通过外部端子来完成了。

外部端子控制就是利用连接在变频器控制端子上的外部接线来控制电动机启/停与运行频率的方法。

通过变频器的外部端子控制运行操作，大大提高了生产过程的自动化程度。这种操作模式适合变频器安装于系统主体或控制柜内，无法直接操作面板的系统，在实际中应用较多。

1. 认识变频器 MM420 的接线端子

将变频器的操作面板及机壳盖板拆卸下来后，就会露出变频器的接线端子，如图 4-2 所示。变频器的端子可分为功率接线端子（如图 4-3 所示）和控制端子（如图 4-4 所示）。进行主电路接线时，电源可以是单相交流电，也可以是三相交流电。接单相交流电时，变频器模块面板上的 L1、L2 插孔接单相电源，接地插孔接保护地线；三个电动机插孔 U、V、W 连接到三相电动机定子绕组（千万不能接错电源，否则会损坏变频器）。

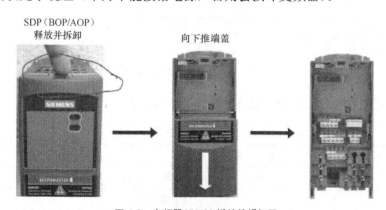

图 4-2　变频器 MM420 板盖的拆卸图

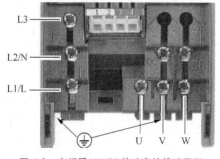

图 4-3　变频器 MM420 的功率接线端子图

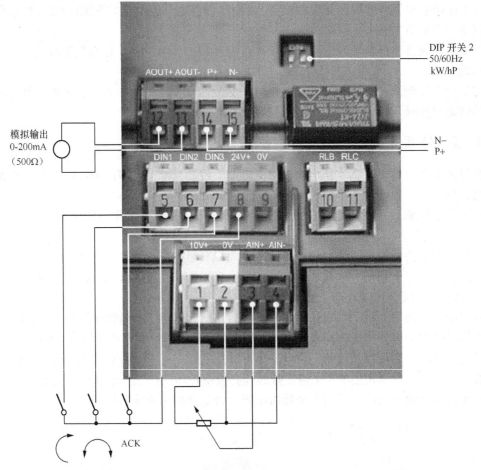

图 4-4 变频器 MM420 的控制端子图

MM420 的控制端子有 15 个，具体的名称及作用如表 4-4 所示。

表 4-4 变频器 **MM420** 控制端子说明

端 子 号	标 识	功 能
1	—	输出+10V
2	—	输出 0V
3	AIN+	模拟输入（+）
4	AIN−	模拟输入（−）
5	DIN1	数字输入 1
6	DIN2	数字输入 2
7	DIN3	数字输入 3
8	—	带电位隔离的输出+24V / 最大 100mA
9	—	带电位隔离的输出 0V / 最大 100mA
10	RLB	数字输出 / NO（常开）触头
11	RLC	数字输出 / 切换触头

续表

端 子 号	标 识	功 能
12	AOUT+	模拟输出（+）
13	AOUT−	模拟输出（−）
14	P+	RS485 串行接口
15	N−	RS485 串行接口

2. 数字输入端口的功能

MM420 变频器有 4 个数字输入端口（DIN1～DIN4），即端口"5"、"6"、"7"和一个通过模拟输入回路配置的数字输入端口。每一个数字输入端口功能很多，用户可根据需要进行设置。参数号 P0701～P0704 分别用于端口 DIN1～DIN4 的功能设置。每一个数字输入功能设置参数值范围均为"0"～"99"，出厂默认值均为"1"。下面列出可以采用的参数值，各数值的具体含义如表 4-5 所示。

表 4-5   变频器 MM420 数字输入端口可以采用的参数

参 数 值	功 能 说 明
0	禁止数字输入
1	ON/OFF1（接通正转/停车命令 1）
2	ON/OFF1（接通反转/停车命令 1）
3	OFF2（停车命令 2），按惯性自由停车
4	OFF3（停车命令 3），按斜坡函数曲线快速降速停机
9	故障确认
10	正向点动
11	反向点动
12	反转
13	MOP（电动电位计）升速（增加频率）
14	MOP（电动电位计）降速（减少频率）
*15	固定频率设置值（直接选择）
*16	固定频率设置值（直接选择+ON 命令）
*17	固定频率设置值（二进制编码选择+ON 命令）
# 21	机旁/远程控制
25	直流注入制动
29	由外部信号触发跳闸
33	禁止附加频率设置值
99	使能 BICO 参数化

注：标"*"号的参数只有 DIN1～DIN3 可设置，标"#"号的参数只有 DIN4 可设置。

【操作实例 4-2】 用自锁按钮 SB1 和 SB2，通过外部线路控制 MM420 变频器的运行，实现电动机正转和反转控制，电动机的加/减速时间为 15s。其中端口"5"（DIN1）设为正转控制，端口"6"（DIN2）设为反转控制。电动机选用 JW7114 交流笼型异步电机。

【操作方法和步骤】

1. 按要求接线

变频器外部端子控制运行操作接线如图 4-5 所示。供电电源采用三相交流电源。检查电路接线正确后，合上主电源开关 QS。

2. 参数设置

（1）参数复位。设置 P0010 = 30 和 P0970 = 1，按下 **◎** 键，开始复位，复位过程大约 3min。这样就保证了变频器的参数恢复到工厂的默认值。

（2）电动机参数设置。电动机参数设置如表 4-2 所示。电动机参数设置完成后，设 P0010 = 0，变频器当前处于准备状态，可正常运行。

（3）数字输入端控制参数设置如表 4-6 所示。

3. 变频器运行操作

（1）电动机正向运行

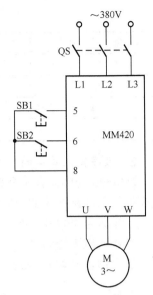

图 4-5　外部端子控制运行接线图

当按下自锁按钮 SB1 时，变频器数字输入口 DIN1（端子 5）为 "ON"，电动机按 P1120 所设置的 15s 斜坡上升时间正向启动运行，经 15s 后稳定运行在 560r/min 的转速上，此转速与 P1040 所设置的 20Hz 对应。

表 4-6　　　　　　　　　　　　　数字输入端控制参数

参数代码	出　厂　值	设　置　值	说　　　明
P0003	1	1	设用户访问级为标准级
P0004	0	7	命令和数字 I/O
P0700	2	2	命令源选择"由端子排输入"
P0003	1	2	设用户访问级为扩展级
P0004	0	7	命令和数字 I/O
P0701	1	1	ON 接通正转，OFF 停止
P0702	1	2	ON 接通反转，OFF 停止
P0003	1	1	设用户访问级为标准级
P0004	0	10	设置值通道和斜坡函数发生器
P1000	2	1	由键盘（电动电位计）输入设置值
P1080	0	0	电动机运行的最低频率（Hz）
P1082	50	50	电动机运行的最高频率（Hz）
P1120	10	15	斜坡上升时间（s）
P1121	10	15	斜坡下降时间（s）
P0003	1	2	设用户访问级为扩展级
P0004	0	10	设置值通道和斜坡函数发生器
P1040	5	20	设置键盘控制的频率值

再次按下自锁按钮 SB1，变频器数字端口 5 为"OFF"，电动机按 P1121 所设置的 15s 斜坡下降时间停止运行。

（2）电动机反向运行

如果要使电动机反转，则按下自锁按钮 SB2 时，变频器数字端口 6 为"ON"，电动机按 P1120 所设置的 15s 斜坡上升时间反向启动运行，经 15s 后稳定运行在与 P1040 所设置的 20Hz 对应的转速上。

再次按下自锁按钮 SB2，变频器数字端口 6 为"OFF"，电动机按 P1121 所设置的 15s 斜坡下降时间停止运行。

（3）电动机的速度调节

更改 P1040 的值，按上述操作过程，就可以改变电动机正常运行速度。

（4）电动机实际转速测定

在电动机运行过程中，利用激光测速仪或者转速测试表，可以直接测量电动机实际运行速度。当电动机处在空载、轻载或者重载时，实际运行速度会根据负载的轻重略有变化。

4. 注意事项

（1）接线完毕后一定要重复认真检查以防接线错误烧坏变频器，特别是主电源电路。

（2）在接线时变频器内部端子用力不得过猛，以防损坏。

（3）在送电和停电过程中要注意安全，特别是在停电过程中必须待面板 LED 显示全部熄灭情况下方可打开盖板。

（4）在变频器进行参数设置操作时应认真观察 LED 显示内容，以免发生错误，争取一次实验成功。

（5）由于变频器可直接切换其正、反转，必须注意使用时的安全。在变频器由正转切换为反转状态时加减速时间可根据电机容量和工作环境条件而定。

4.1.3　同步运行

1. 同步运行的概念

印染机械、造纸机械等常常由若干个加工单元构成，犹如一条生产线。每个单元都有单独的拖动系统，各拖动系统的电动机转速和传动比可能不完全相同，但要求被加工物（布匹或纸张）的行进速度必须一致，或者说必须同步运行。

2. 同步控制的要点

同步控制必须解决好以下问题：

（1）统调。所有单元应能同时加速或减速。

（2）整步。当某单元的速度与其他单元不一致时，应能够通过手动或自动的方法进行微调，使之与其他单元同步。

（3）单独调试。在各单元进行调试过程中，应能单独运行。

3. 同步控制方法

（1）手动微调的同步控制

1）基本电路。以三个单元的同步控制为例，手动微调的同步控制如图 4-6 所示。各单元的拖动电动机分别为 M1、M2、M3，分别由变频器 1、2、3 控制。每个变频器的 6 号端子同时连接一个微调按钮和 KA1 的触点，7 号端子同时连接一个微调按钮和 KA2 的触点。

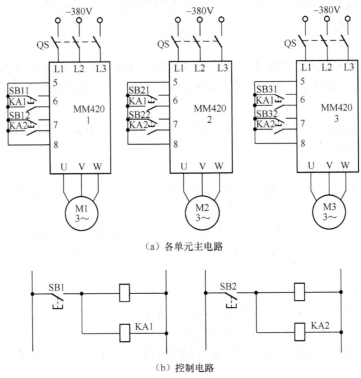

（a）各单元主电路

（b）控制电路

图 4-6   手动微调的同步控制

2）工作原理

a）三个单元的手动微调同步控制参数设置表 4-7 所示。

表 4-7   三个单元的手动微调同步控制参数

参 数 代 码	出 厂 值	设 置 值	说 明
P0003	1	1	设用户访问级为标准级
P0004	0	7	命令和数字 I/O
P0700	2	2	命令源选择"由端子排输入"
P0003	1	2	设用户访问级为扩展级
P0004	0	7	命令和数字 I/O
P0701	1	1	ON 接通正转，OFF 停止
P0702	1	13	升速（增加频率）
P0703	1	14	降速（减少频率）
P0003	1	1	设用户访问级为标准级
P1080	0	0	电动机运行的最低频率（Hz）
P1082	50	50	电动机运行的最高频率（Hz）
P1120	10	15	斜坡上升时间（s）
P1121	10	15	斜坡下降时间（s）

b）控制原理。统调时，按下 SB1，继电器 KA1 吸合，则所有变频器的 6 端都接通，

各单元同时加速；按下 SB2，继电器 KA2 吸合，则所有变频器的 7 端都接通，各单元同时减速。

手动微调时，通过接于各变频器 6、7 端的按钮，可以对单个电动机的速度进行微调。以 1 单元为例，按下 SB11，则变频器 1 的 6 端接通，M1 加速。2、3 单元以此类推。

（2）自动微调的同步控制

在前后单元之间，加入一滑辊。滑辊的位置取决于前后两单元的速度。滑辊上下移动时，将通过连杆使电位器旋转，改变电位器 RP 滑动点的位置。所以在 RP 的滑动点上，可获得与前后两单元的布或纸速差成正比的整步信号（RP 应尽量使用无触点的电位器）。当前后两单元速度不一致时，滑辊的位置和辅助信号的电压同时变动，使变频器的实际给定信号得到自动调整。

4.1.4　程序控制运行

程序控制又称简易 PLC 控制，它是通过设置参数的方式给变频器编制电动机转向、运行频率和时间的程序段，然后用相应的输入端子控制某程序段的运行，让变频器按程序输出相应频率的电源，驱动电动机按所设置方式运行。

下面以西门子 S7-200 系列 PLC 和 MM420 变频器为例介绍 PLC 控制变频器的几种方法。

1. 利用 PLC 和变频器的 I/O 端子实现控制

（1）利用 PLC 和变频器的数字量端口来控制

S7-200 系列 PLC 自带一定数量的数字量 I/O 端子，通过导线可与 MM420 变频器的数字输入端子连接，MM420 端子提供了 4 个数字量输入端子：端子 5、6、7，另外一个数字量端子是由模拟量输入端子 3、4 端组态而成。使用该方法，可以实现对变频器的启动、停止的控制和固定频率的设置。连接时可将 PLC 的 Q0.1～Q0.3 连接变频器的 5～7 脚。5、6 脚控制电动机运行的频率，7 脚控制电动机的启/停。

通过编写 PLC 程序控制变频器 7 脚的通断，即可实现电动机启动和停止。当需要电动机以固定的频率进行工作时，只要将 PLC 数字输入端 Q0.1、Q0.2、Q0.3 三个端子按表 4-8 的情况通断电，即可实现对电动机在 3 种频率模式工作的控制。

同时变频器的参数也应该作相应的设置，一般情况下，变频器的参数设置包括两个部分，一是对拖动对象电动机参数的设置，如电动机的额定电压、额定电流、额定功率、额定转速等参数；二是对控制参数设置，这里关键就是组态 5、6、7 脚的功能，将其设置为固定频率是二进制模式，控制参数的具体设置 P0700 = 2、P0701 = 17、P0702 = 17、P0703 = 1、P1000 = 3。

如果使用的变频器有更多的数字量端子，那么获得的固定频率将更多。

（2）利用 PLC 和变频器的模拟量端口来控制

S7-200 系列 PLC 一般不自带模拟量接口，因此要实现该控制必须使用其扩展模块 EM235 与 MM420 变频器的模拟量输入端子连接。其系统硬件连接时将 EM235 端的 V0 和 M0 分别接 MM420 的 3、4 脚。

通过 EM235 的模拟量输出端子（10V）直接与变频器的模拟量输入端子连接，可通过改变模拟量模块输出的电压信号，来实现对电动机转速的调整；通过 PLC 输入端子外接按钮实现电机的正转和反转控制。变频器主要参数设置：P0700 = 2、P0701 = 1、P0702 = 2、P1000 = 2、P1080 = 0、P1082 = 50。

表 4-8   PLC 输出端子 Q 的工作情况

变频器工作情况	Q0.2 通断情况	Q0.1 通断情况	Q0.3 通断情况	电动机 M 工作情况
停止模式	0	0	0	电机停止
固定频率 1	0	1	1	电动机工作在固定频率 1
固定频率 2	1	0	1	电动机工作在固定频率 2
固定频率 3	1	1	1	电动机工作在固定频率 3

2. 利用专用的通信协议实现控制

PLC 具有较强大的通信功能，S7-200 系列 PLC 支持多种通信协议，如 PPI 协议、MPI 协议等，其中专用于和 M 系列变频器通信的 USS 协议（通用串行通信接口协议）可轻松实现对变频器的控制。利用通信电缆将 S7-200 系列的 PORT0 口 3 脚和 8 脚与变频器的 14、15 脚用双绞线连接起来，可在连线时加 220Ω 终端电阻，保证通信的质量。通信电缆可以自制，也可以使用西门子公司提供的专用通信电缆。

USS 协议的基本特点是：（1）支持多点通信（因而可以应用在 RS485 等网络上）；（2）采用单主站的主—从访问机制；（3）每个网络上最多可以有 32 个节点（最多 31 个从站）；（4）简单可靠的报文格式，使数据传输灵活高效，容易实现，成本较低。

利用 PLC 与变频器 USS 通信指令（必须按照 USS 协议库），可实现对电动机的启动、自由停车、快速停车、更改速度、设置速度、修改变频器参数等功能。在编写好 PLC 程序后，必须为程序分配库存储区，否则程序编译时会产生错误。变频器的主要控制参数设置：P0700 = 5、P2010.0 = 6、P2012.0 = 2、P2014.0 = 0、P1000 = 5、P2011.0 = 11、P2013.0 = 127。

3. 利用通用的通信协议实现控制

（1）利用自由口协议

S7-200PLC 支持自由口协议，在自由口模式下，通信协议完全由用户程序控制，可实现与其他型号的变频器通信，S7-200PLC 按照变频器所支持的协议通过使用发送中断、接收中断、发送指令（xmt）和接收指令（rcv）等与指令编程相关的通信程序，直接利用通信口 PORT 口连接第三方变频器实现通信。使用该方法两者之间的通信可靠，但是程序的编写和通信的调试比较复杂。

（2）利用 Modbus 协议

Modbus 协议最早由施耐德旗下的 Modicon 公司于 1978 年提出，目前已经成为国际标准和我国国家、行业标准。该协议为典型的串行通信协议，支持 CRC 或 LRC 校验。变频器大多数设备均支持该协议。S7-200PLC 的两个通信口 0 口和 1 口均支持 Modbus RTU 协议，硬件连接时只需要将 3 脚和 8 脚连接到变频器的 RS485 端口的接收和发送端即可。PLC 程序编写直接在软件 Step7-Micro/WIN32 软件指令库中的调用 MBUS_CTRL 初始化程序，调用 MBUS_MSC 接收和发送数据，其 CRC 校验程序也由系统自动生成。

利用 PLC 实现与变频器控制后，由于 PLC 具有较强的人机交互功能和丰富的上位组态软件，弥补了变频器的操作与监控方面的不足，使得变频器广泛地应用于各行各业。

4.1.5   PID 控制运行

1. 自动控制的基本概念

自动控制是指在无人直接参与的情况下，利用控制装置操纵受控对象，使被控量等于给定值或按给定信号变化规律去变化的过程。

比如，液位控制中有两种方式：手动液位控制和自动液位控制。在手动液位控制中，是根据眼来观察，脑来判断，手来操作的一种方式，其目的是为了减少或消除液位差 Δh，以保证恒液位控制。

而在自动液位控制中，则是要建立一个受控对象（水池）、一个输出量（实际水位）、一个输入量（要求水位）、一个检测装置（水位传感器）、一个执行机构（阀门），根据图 4-7 自动控制示意图进行控制。通过给定量和实际检测得到的实际值，得出一个偏差量，再由控制器进行控制。

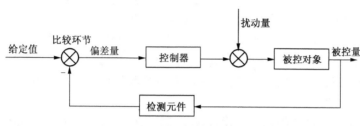

图 4-7　液位自动控制示意图

2．PID 控制原理

在工程实际中，应用最为广泛的调节器控制规律为比例、积分、微分控制，简称 PID 控制或 PID 调节。PID 控制器问世至今已有近 80 年历史，它因结构简单、稳定性好、工作可靠、调整方便而成为工业控制的主要技术之一。当被控对象的结构和参数不能完全掌握，或得不到精确的数学模型时，控制理论的其他技术难以采用时，系统控制器的结构和参数必须依靠经验和现场调试来确定，这时应用 PID 控制技术最为方便。即当我们不完全了解一个系统和被控对象，或不能通过有效的测量手段来获得系统参数时，最适合用 PID 控制技术。

PID 控制在实际中也有 PI 和 PD 控制。PID 控制器是根据系统的误差，利用比例、积分、微分计算出控制量进行控制的。PID 控制框图如图 4-8 所示。

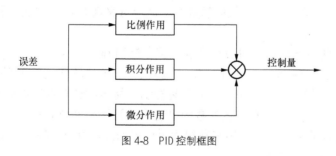

图 4-8　PID 控制框图

（1）比例（P）控制

比例控制也称为比例增益环节控制，是一种最简单的控制方式。其控制器的输出信号 u 与输入误差信号 e 成比例关系，即

$$u(t) = K_p e(t)$$

式中 K_p——放大倍数，也称为比例增益。

当仅有比例控制时，系统输出存在稳态误差。增大比例增益 K_p 的值，系统的响应速度将变快，但同时会使系统振荡加剧，稳定性变差。比例系数的确定是在响应的快速性与平稳性之间进行折中。

（2）积分（I）控制

在积分控制中，控制器的输出与输入误差信号的积分成正比关系，即

$$u(t) = K_{\mathrm{I}} \int_0^t e(t) \mathrm{d}(t)$$

对一个自动控制系统，如果在进入稳态后存在稳态误差，则称这个控制系统是有稳态误差的系统，或简称有差系统。为了消除稳态误差，在控制器中必须引入"积分项"。积分项是误差与时间的积分，随着时间的增加，积分项会增大。这样，即便误差很小，积分项也会随着时间的增加而加大，只要偏差不为零，偏差就不断累积，从而使控制量不断增大或减小，直到偏差等于零为止。因此，积分控制是一种无差控制。

积分控制作用比较缓慢，因此，积分作用一般和比例作用配合组成 PI 调节器，而不单独使用。比例+积分（PI）控制器可以使系统在进入稳态后无稳态误差。PI 控制的 P 控制在偏差出现时，迅速反应输入的变化；PI 控制的 I 控制使输出逐渐增加，最终消除稳态误差。

（3）微分（D）控制

在微分控制中，控制器的输出与输入误差信号的微分（即误差的变化率）成正比关系。

$$u(t) = K_{\mathrm{D}} \frac{\mathrm{d}e(t)}{\mathrm{d}t}$$

自动控制系统在克服误差的调节过程中可能会出现振荡甚至失稳等现象。其原因是由于存在有较大惯性或滞后的组件（环节），具有抑制误差的作用，其变化总是落后于误差的变化。微分环节可以根据偏差的变化趋势，提前给出较大的调节动作，使抑制误差的控制作用等于零，甚至为负值，从而避免被控制量的严重超调。微分控制只在系统的动态过程中起作用，在系统达到稳态后微分作用对控制量没有影响，所以微分系统不能单独使用，一般是和比例、积分作用一起构成 PD 或 PID 调节器。

比例＋积分＋微分（PID）控制器能改善系统在调节过程中的动态特性。

3．PID 控制的特点

（1）PID 控制简单实用，工作原理简单，物理意义清楚，一线的工程师很容易理解和接受。

（2）PID 控制的设计和调节参数少，且调整方针明确。

（3）PID 控制是一种通用的控制方式，广泛应用于各种场合，且在不断改进和完善，如偏差小到一定程度才投入积分作用的积分分离控制，能自动计算控制参数的参数自整定 PID 控制，能随时根据系统状态调整控制参数的自适应或智能型 PID 控制等。

（4）PID 控制以简单的控制结构来获得相对稳定的控制性能，控制效果有限，且对时变、大时滞、多变量系统等无能为力。

4．变频器的 PID 控制

在系统要求不高的控制中，微分功能 D 可以不用，因为反馈信号的每一点变化都会被控制器的微分作用放大，从而可能引起控制器输出的不稳定。

MM420 型变频器的微分项 D（P2274）乘上当前（采样）的反馈信号与上一个（采样）反馈信号之差，可以提高控制器对突然出现的误差的反应速度。在系统反应太慢时，应调大 K_{p}（比例增益）P2280 或减小积分时间 P2285；在发生振荡时，应调小 K_{p}（比例增益）P2280 或调大积分时间 P2285。

MM420 型变频器的 PID 控制可以选择七个目标值的 PID 控制，由数字输入端子 DIN1～DIN3 通过 P0701～P0703 设置实现多个目标值的选择控制。每个目标值的 PID 参数值分别由 P2201～P2207 进行设置。端子选择目标值的方式和 7 段速度控制的目标选择方式相同，分为直接选择目标值、直接选择目标值带 ON 命令、二进制编码选择目标值带 ON 命令。目标选择方式设置由 P2216～P2222 完成。当变频器只选择一个目标值的 PID 控制时，目标值也可以用操作面板进行设置。

（1）一个 PID 目标值控制参数的设置

1）参数设置：一个 PID 目标值控制参数的设置如表 4-9 所示。

表 4-9　　　　　　　　　　　　　　　一个 PID 目标值控制参数

参 数 代 码	出 厂 值	设 置 值	说 明
P0010	0	30	参数为工厂的设置值
P0970	0	1	全部参数复位
P0010	0	1	快速调试
P0100	0	0	使用地区：欧洲[kW]，$f = 50$Hz
P0304	230	380	电动机额定电压（V）
P0305	3.25	2.52	电动机额定电流（A）
P0307	0.75	1.1	电动机额定功率（kW）
P0310	50	50	电动机额定频率（Hz）
P3900	0	1	结束快速调试
P0010	0	0	工厂设置
P0003	1	2	设用户访问级为扩展级
P0700	2	2	命令源选择"由端子排输入"
P0701	1	1	端子 DIN1 功能，ON 接通正转，OFF 停止
P0725	1	1	端子输入高电平有效
P1000	2	1	频率由 BOP 设置
P1080	0	20	电动机运行的最低频率（Hz）
P1082	50	50	电动机运行的最高频率（Hz）
P2200	0	1	PID 控制功能有效
*P2240	10	30	由面板设置目标参数（%）
P2253	0	2250	已激活的 PID 设置值
P2254	0	70	无 PID 微调信号源
P2255	100	100	PID 设置值的增益系数
P2256	100	0	PID 微调信号增益系数
P2257	1	1	PID 设置值的斜坡上升时间（s）
P2258	1	1	PID 设置值的斜坡下降时间（s）
P2261	0	0	PID 设置值无滤波
P2264	755	755.0	PID 反馈信号由 AIN+设置
P2265	0	0	PID 反馈信号无滤波

续表

参 数 代 码	出 厂 值	设 置 值	说　　明
P2267	100	100	PID 反馈信号的上限值（%）
P2268	0	0	PID 反馈信号的下限值（%）
P2269	100	100	PID 反馈信号的增益（%）
P2270	0	0	不用 PID 反馈器的数学模型
P2271	0	0	PID 传感器的反馈形式为正常
P2280	3	15	PID 比例增益系数
P2285	0	10	PID 积分时间
P2291	100	100	PID 输出上限（%）
P2292	0	0	PID 输出下限（%）
P2293	1	1	PID 限幅的斜坡上升/下降时间（s）

注：修改标"*"号的参数即可改变目标值设置。

2）参数含义详解

① 电动机参数的设置。将 P0010 设置为"30"到 P0010 设置为"0"之间的参数设置为电动机的参数。

② 控制参数的设置。将 P0003 设置为"2"到 P2200 设置为"1"之间的参数设置为控制参数。P2200 设置为"1"时，允许投入 PID 闭环控制器，P1120 和 P1121 中设置的常规斜坡时间以及常规的频率设置值即自动被禁止。但是，在 OFF1 或 OFF3 命令之后，变频器的输出频率将按 P1121（若为 OFF3，则是 P1135）的斜坡时间下降到"0"。

③ 目标参数的设置。将 P2240 到 P2261 之间的参数设置为目标参数。

P2240 为 PID 设置值，由面板 BOP 设置，设置值范围在-200%～200%之间。

P2253 为 PID 设置值信号源。设置值 P2253=755 时为模拟输入 1，P2253=2224 时为固定的 PID 设置值（参看 P2201 至 P2207），P2253=2250 时为已激活的 PID 设置值（参看 P2240）。

P2254 为 PID 微调信号源。选择 PID 设置值的微调信号源，将这一信号乘以微调增益系数，再与 PID 设置值相加。其设置范围为 0.00～4000.00。

P2255 为 PID 设置值的增益系数。输入的设置值乘以这一增益系数后，使设置值与微调值之间得到一个适当的比例关系。其设置范围为 0.00～100.00。

P2256 为 PID 微调信号的增益系数。采用这一增益系数对微调信号进行标定后，再与 PID 主设置值相加。其设置范围为 0.00～100.00。

P2257 为 PID 设置值的斜坡上升时间，设置范围为 0.00～650.00。

P2258 为 PID 设置值的斜坡下降时间，设置范围为 0.00～650.00。如果斜坡下降时间设置得太短，那么可能导致变频器因过电压而跳闸（F0002）或因过电流而跳闸（F0001）。

P2261 为 PID 设置值的滤波时间常数，设置范围为 0.00～60.00。

④ 反馈参数的设置。将 P2264 到 P2271 之间的参数设置为反馈参数。

P2264 为 PID 反馈信号，设置范围为 0.00～4000.00。

P2265 为 PID 反馈滤波时间，设置范围为 0.00～60.00。

P2267 为 PID 反馈信号的上限值，设置范围为-200.00～200.00。当 PID 控制投入（P2200＝1）并且反馈信号上升到高于这一最大值时，变频器将因故障 F0222 而跳闸。

P2268 为 PID 反馈信号的下限值，设置范围为−200.00～200.00。当 PID 控制投入（P2200 = 1）并且反馈信号下降到低于这一最小值时，变频器将因故障 F0221 而跳闸。

P2269 为 PID 反馈信号的增益，设置范围为 0.00～500.00。当增益系数为 100.0% 时，表示反馈信号仍然是其缺省值，没有发生变化。

P2270 为 PID 反馈功能选择器，设置范围为 0～3。当 P2270 = 0 时表示禁止，当 P2270 = 1 时表示二次方根，当 P2270 = 2 时表示二次方，当 P2270 = 3 时表示三次方。

P2271 为 PID 传感器的反馈形式。当 P2271 = 0（缺省值）时，如果反馈信号低于 PID 设置值，那么 PID 控制器将增加电动机的转速，以校正它们的偏差。当 P2271 = 1 时，如果反馈信号低于 PID 设置值，那么 PID 控制器将降低电动机的转速，以校正它们的偏差。

⑤ PID 参数的设置。将 P2280 到 P2293 之间的参数设置为 PID 参数。

P2280 为 PID 比例增益系数，设置范围为 0.00～65.00。

P2285 为 PID 积分时间，设置范围为 0.00～60.00。

P2291 为 PID 输出上限，以[%]值表示，设置范围为−200.00～200.00。

P2292 为 PID 输出下限，以[%]值表示，设置范围为−200.00～200.00。

P2293 为 PID 限幅值的斜坡上升/下降时间。此参数用于设置 PID 输出最大的斜坡曲线斜率，设置范围为 0.00～100.00。

（2）7 个 PID 目标值控制参数的设置

1）参数的设置：7 个 PID 目标值控制参数设置如表 4-10 所示。

表 4-10　　　　　　　　　　　　7 个 PID 目标值控制参数

参数代码	出厂值	设置值	说明
P0010	0	30	参数为工厂的设置值
P0970	0	1	全部参数复位
P0010	0	1	快速调试
P0100	0	0	使用地区：欧洲[kW]，f = 50Hz
P0304	230	380	电动机额定电压（V）
P0305	3.25	2.52	电动机额定电流（A）
P0307	0.75	1.1	电动机额定功率（kW）
P0310	50	50	电动机额定频率（Hz）
P3900	0	1	结束快速调试
P0010	0	0	工厂设置
P0003	1	2	设用户访问级为扩展级
P0700	2	2	命令源选择"由端子排输入"
P0701	1	17	端子 DIN1 功能按二进制选择目标值+ON 命令
P0702	1	17	端子 DIN2 功能按二进制选择目标值+ON 命令
P0703	1	17	端子 DIN3 功能按二进制选择目标值+ON 命令
P0725	1	1	端子输入高电平有效
P1000	2	3	选择固定频率设置值
P1080	0	20	电动机运行的最低频率（Hz）

续表

参数代码	出厂值	设置值	说明
P1082	50	50	电动机运行的最高频率（Hz）
P2200	0	1	PID 控制功能有效
P2201	0	10	PID 控制器的固定频率设置值 1
P2202	10	20	PID 控制器的固定频率设置值 2
P2203	20	30	PID 控制器的固定频率设置值 3
P2204	30	40	PID 控制器的固定频率设置值 4
P2205	40	50	PID 控制器的固定频率设置值 5
P2206	50	60	PID 控制器的固定频率设置值 6
P2207	60	70	PID 控制器的固定频率设置值 7
P2216	1	3	PID 固定目标值方式——位 0 二进制选择+ON 命令
P2217	1	3	PID 固定目标值方式——位 1 二进制选择+ON 命令
P2218	1	3	PID 固定目标值方式——位 2 二进制选择+ON 命令
P2253	0	2250	已激活的 PID 设置值
P2254	0	70	无 PID 微调信号源
P2255	100	100	PID 设置值的增益系数
P2256	100	0	PID 微调信号增益系数
P2257	1	1	PID 设置值的斜坡上升时间（s）
P2258	1	1	PID 设置值的斜坡下降时间（s）
P2261	0	0	PID 设置值无滤波
P2264	755	755.0	PID 反馈信号由 AIN+设置
P2265	0	0	PID 反馈信号无滤波
P2267	100	100	PID 反馈信号的上限值（%）
P2268	0	0	PID 反馈信号的下限值（%）
P2269	100	100	PID 反馈信号的增益（%）
P2270	0	0	不用 PID 反馈器的数学模型
P2271	0	0	PID 传感器的反馈形式为正常
P2280	3	15	PID 比例增益系数
P2285	0	10	PID 积分时间（s）
P2291	100	100	PID 输出上限（%）
P2292	0	0	PID 输出下限（%）
P2293	1	1	PID 限幅的斜坡上升/下降时间（s）

2）参数含义详解

① 电动机参数的设置。7 个 PID 目标值控制的电动机参数的设置与一个 PID 目标值控制的电动机参数设置相同。

② 控制参数的设置。将 P0003 设置为"2"到 P2200 设置为"1"之间的参数设置为控制参数。与一个 PID 目标值控制参数不相同的是 P0701 到 P0703 的设置。

③ 目标参数的设置。将 P2201 到 P2261 之间的参数设置为目标参数。

P2201 为 PID 控制器的固定频率设置值 1，设置值范围在 -200%～200%。

P2202 为 PID 控制器的固定频率设置值 2，设置值范围在 -200%～200%。

P2203 为 PID 控制器的固定频率设置值 3，设置值范围在 -200%～200%。

P2204 为 PID 控制器的固定频率设置值 4，设置值范围在 -200%～200%。

P2205 为 PID 控制器的固定频率设置值 5，设置值范围在 -200%～200%。

P2206 为 PID 控制器的固定频率设置值 6，设置值范围在 -200%～200%。

P2207 为 PID 控制器的固定频率设置值 7，设置值范围在 -200%～200%。

其余参数设置与一个 PID 目标值控制时参数的设置相同。

④ 反馈参数的设置。与一个 PID 目标值控制时参数的设置相同。

⑤ PID 参数的设置。与一个 PID 目标值控制时参数的设置相同。

【操作实例 4-3】　一台三相异步电动机的功率为 1.1kW，额定电流为 2.52A，额定电压为 380V。现需要基本控制面板（BOP）和外部端子进行 PID 控制，并通过参数设置来改变变频器的 PID 闭环控制。在运行操作中目标值分别设置为：第一次 30%；第二次 50%；第三次 60%。

【操作方法和步骤】

1. 按要求接线

（1）将电源与变频器及电动机连接好，供电电源可以是单相交流电，也可以是三相交流电。采用三相交流电源连接如图 4-9（a）所示。若有多个 PID 目标值控制时按图 4-9（b）接线。

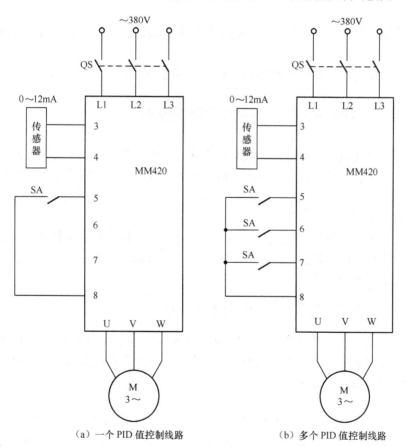

（a）一个 PID 值控制线路　　　　　（b）多个 PID 值控制线路

图 4-9　PID 控制外部连接图

（2）检查无误后，方可通电，合上 QS。

2．按下操作面板上的⓿键，进入参数设置菜单画面，按表 4-9 设置参数

3．参数设置完毕切换到运行监视模式画面

4．变频器运行操作

（1）按下按钮 SA 时，变频器数字输入端 DIN1（端子 5）输入"ON"，变频器启动电动机。当变频器反馈信号发生变化时，将会引起电动机速度发生变化。

若反馈信号小于目标值（反馈信号为电流输入时，目标值为 20mA × P2240 的百分数值；反馈信号为电压输入时，目标值为 10V × P2240 的百分数值），则变频器将驱动电动机升速运行，电动机的速度上升将引起反馈信号变大。若反馈信号大于目标值时，则变频器将驱动电动机降速运行，电动机的速度下降将引起反馈信号变小。

（2）松开按钮 SA，变频器数字输入端 DIN1 输入"OFF"，电动机停止运行。

5．注意事项

（1）接线完毕后一定要重复认真检查，以防接线错误烧坏变频器，特别是主电源电路。

（2）在接线时，拧紧变频器内部端子的力不得过大，以防损坏端子。

（3）在送电和停电过程中要注意安全。特别是在停电过程中，必须待控制面板上的 LED 显示全部熄灭的情况下方可打开盖板。

（4）在对变频器进行参数设置操作时，应认真观察 LED 监视内容，以免发生错误，争取一次实验成功。

（5）在进行制动功能应用时，因为变频器的制动功能无机械保持作用，所以要注意安全，以防伤害事故发生。

（6）在运行过程中要认真观测电动机和变频器的工作特性。

4.2 PLC 与 MM420 系列变频器组成的调速控制

随着变频技术的成熟，变频器作为驱动调速的主要设备，发展势头越来越迅猛，正逐渐取代直流调速设备。但是，由于变频器人机交互能力较弱，变频器的操作需要人工完成，增加了操作人员的工作量，降低工作效率。同时，变频器的数据计算和分析处理的功能不完善，直接影响了其在大系统中的应用。

PLC 作为工业自动化控制的主流设备，以控制稳定、数据分析功能强大、通信能力强等特点，广泛地应用到各行各业中。因此，将 PLC 与变频器结合构成自动控制系统，可以使变频器中问题得到有效的改善。

4.2.1 PLC 与 MM420 系列变频器的连接

PLC 与变频器的连接是 PLC 控制的变频调速系统中最重要的硬件部分。根据信号的不同连接方式，其接口部分主要有以下几种类型。下面介绍两者在配合时连接方面的注意事项。

1．变频器与 PLC 的连接

（1）开关指令信号的连接

在 PLC+变频器的变频调速控制系统中，PLC 的开关量输出往往作为变频器的输入信号，对电动机进行运行/停止、正转/反转、分段频率运行等控制。常用的 PLC 输出有两种类型，即继电器输出和晶体管输出。变频器与这两种 PLC 的连接方式如图 4-10 所示。在使用继电

器输出型 PLC 的场合，为了防止出现因接触不良而带来的误动作，要考虑触点容量及继电器的可靠性，因此可采用阻容电路进行连接。而使用晶体管集电极开路形式进行连接时，也需要考虑晶体管本身的耐压容量和额定电流等因素，使所构成的接口电路具有一定的裕量，以提高系统可靠性。

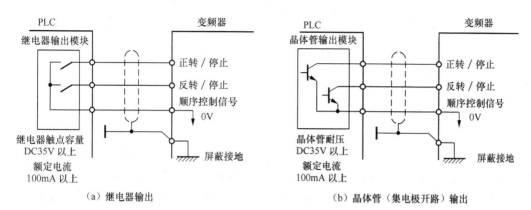

图 4-10　PLC 开关输出量与变频器的连接

（2）频率指令信号的输入

如图 4-11 所示，频率指令信号可以通过接线端子由外部输入模拟数值信号来给定，由于变频器和晶体管的允许电压、电流等因素的限制，通常变频器的模拟量输入信号为 0～10V、0～5V 的电压信号和 4～20mA 的电流信号。由于输入信号不同，接口电路也要对应不同，因此必须根据变频器的输入阻抗，选择 PLC 的输出模块。而连线阻抗的电压降以及温度变化，器件老化等带来的漂移，则可以通过 PLC 内部的调节电阻和变频器内部参数进行调节。

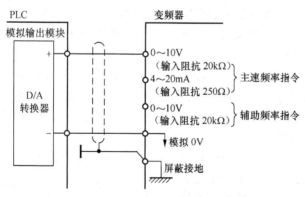

图 4-11　频率指令信号与 PLC 的连接

当变频器和 PLC 的电压信号范围不同时，例如变频器的输入信号为 0～10V，而 PLC 的输出电压信号范围为 0～5V 时，可以通过变频器的内部参数进行调节，如图 4-12 所示。由于在这种情况下只能利用变频器 A/D 转换器的 0～5V 部分，所以与 PLC 输出信号在 0～10V 范围时相比，进行频率设置时的分辨率会变差。反之，当 PLC 一侧的输出信号电压范围为 0～10V，而变频器的输入信号电压范围为 0～5V 时，虽然也可以通过降低变频器内部增益的方法使系统工作，但是由于变频器内部的 A/D 转换器被限制在 0～5V 之间，将无法使用高速区域。在这种情况下，当需要使用高速区域时，可以采用调节 PLC 的参数或电阻的方法将输出电压降低。

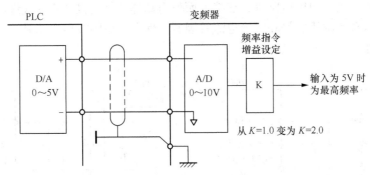

图 4-12　输入信号电平转换

通用变频器通常都备有作为选件的数字信号输入接口卡。在变频器上安装数字信号输入接口卡，就可以直接利用 BCD 信号或二进制信号设置频率指令。使用数字信号输入接口卡进行频率设置，可以避免模拟信号电路所具有的由压降和温差变化带来的误差，从而保证了必要的频率设置精度。

变频器也可以将脉冲序列作为频率指令。由于以脉冲序列作为频率指令时需要使用 F/V 转换器将脉冲转换为模拟信号，因此利用这种方式进行精密的转速控制时，必须考虑 F/V 转换器电路和变频器内部的 A/D 转换电路的漂移、由温度变化带来的漂移、分辨率等问题。

（3）RS-485 通信方式

变频器与 PLC 之间通过 RS-485 通信方式实施的方案得到广泛的应用，具有抗干扰能力强、传输速率高、传输距离远且造价低廉等特点。但采用 RS-485 的通信方式必须解决数据编码、成帧、发送数据、接收数据的奇偶校验、超时处理和出错重发等一系列问题，故一个简单的变频器操作功能有时要编写几十条 PLC 梯形图指令才能实现，编程工作量较大。

2. 使用时的注意事项

由于变频器在运行过程中会带来较强的电磁干扰，为保证 PLC 不因变频器主电路断路器产生的噪音而出现误动作，将变频器和 PLC 等上位机配合使用时还必须注意以下几点。

（1）对 PLC 本体按照规定的标准和接地条件进行接地，应避免和变频器使用共同的接地线，并在接地时尽可能使两者分开。

（2）当电源条件不太好时，应在 PLC 的电源模块以及输入输出模块的电源线上接入噪声滤波器和降低噪声用的变压器等设备，如有必要，在变频器一侧也应采取相应措施，如图 4-13 所示。

（3）当把变频器和 PLC 安装在同一操作柜中时，应尽可能使与变频器有关的电线和与 PLC 有关的电线分开。

（4）可通过使用屏蔽线和双绞线达到提高抗噪声水平的目的。当配线距离较长

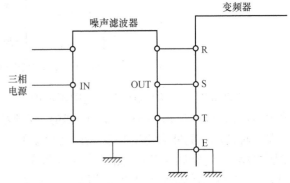

图 4-13　噪声滤波器的连接

时，对于模拟信号来说应采取 4～20mA 的电流信号，或在途中加入放大电路等措施。

4.2.2 电动机的正反转控制

变频器在实际使用中经常用于控制各类机械正、反转，例如前进后退、上升下降、进刀回刀等动作，这些都需要电动机的正反转运行。传统的方法是利用继电器、接触器来控制电动机的正反转。利用 PLC 控制变频器的交流拖动系统与传统的方法相比，在操作、控制、效率、精度等各个方面都具有无法比拟的优点，可以简单、方便地实现电动机的正反转等多种控制要求。

利用电网电源运行的交流拖动系统，要实现电动机的正反转切换，须利用接触器等装置对电源进行换相切换。利用变频器进行调速控制时，只须改变变频器内部逆变电路功率器件的开关顺序，即可达到对输出进行换相的目的，很容易实现电动机的正反转切换，而不需要专门的正反转切换装置。

【操作实例 4-4】通过 PLC 与变频器联机，实现变频器控制端口操作，完成对电动机正、反转运行的控制。控制要求：

① 电动机正转运行时，正转启动时间为 8s，变频器输出频率为 30Hz；

② 电动机反转运行时，反转启动时间为 8s，变频器输出频率为 30Hz；

③ 电动机反转停止运行时，发出指令 10s 内电动机停车。

【操作方法和步骤】

1. 按要求接线

按图 4-14 所示接线，检查接线正确后，合上主电源开关 QS，给变频器供电。

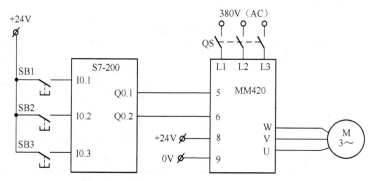

图 4-14 PLC 和变频器联机的正反转控制电路

2. PLC 程序设计

根据控制要求确定 PLC 的 I/O 配置如表 4-11 所示。

表 4-11　　　　　　　　　　　　　PLC 的 I/O 配置表

输　入			输　出		
电路符号	地址输入继电器	功　能	地址	连接变频器的端子	功　能
SB1	I0.1	电动机正转按钮	Q0.1	5	电动机正转运行/停止
SB2	I0.2	电动机停止按钮	Q0.2	6	电动机反转运行/停止
SB3	I0.3	电动机反转按钮			

在 STEP7-Micro/ WIN 编程软件中进行控制程序设计，并用一根 PC/PPI 编程电缆将程序下载到 S7-200 PLC 中。PLC 参考程序如图 4-15 所示。

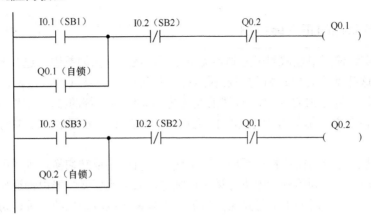

图 4-15 正反转控制 PLC 梯形图参考程序

3. 变频器参数设置

变频器在通电状态下，完成相关参数设置。

（1）参数复位。设置 P0010 = 30 和 P0970 = 1，按下 Ⓟ键，开始复位，复位过程大约 3min。这样保证变频器的参数恢复到工厂的默认值。

（2）电动机参数设置。为了使电动机与变频器相匹配，需要设置电动机的相关参数，电动机选用型号为 JW7114。具体参数设置如表 4-2 所示。电动机参数设置完成后，设 P0010 = 0，变频器当前处于准备状态，可正常运行。

（3）变频器参数设置如表 4-12 所示。

表 4-12 变频器参数

参 数 代 码	出 厂 值	设 置 值	说 明
P0003	1	1	设用户访问级为标准级
P0004	0	7	命令和数字 I/O
P0700	2	2	命令源选择"由端子排输入"
P0003	1	2	设用户访问级为扩展级
P0004	0	7	命令和数字 I/O
P0701	1	1	ON 接通正转，OFF 停止
P0702	1	2	ON 接通反转，OFF 停止
P0003	1	1	设用户访问级为标准级
P0004	0	10	设置值通道和斜坡函数发生器
P1000	2	1	由键盘（电动电位计）输入设置值
P1080	0	0	电动机运行的最低频率（Hz）
P1082	50	50	电动机运行的最高频率（Hz）
P1120	10	8	斜坡上升时间（s）
P1121	10	10	斜坡下降时间（s）
P0003	1	2	设用户访问级为扩展级
P0004	0	10	设置值通道和斜坡函数发生器
P1040	5	30	设置键盘控制的频率值

4．电路工作过程

（1）电动机正转运行

当按下正转按钮 SB1 时，S7-200 型 PLC 输入继电器 I0.1 得电，输出继电器 Q0.1 得电并自锁。变频器 MM420 的数字输入端口 DIN1（即 5 脚）为"ON"状态。电动机按 P1120 所设置的 8s 斜坡上升时间正向启动，经过 8s 后，电动机正转稳定运行在由 P1040 所设置的 30 Hz 频率对应的转速上。此时 Q0.1 的常闭触点断开，输出继电器 Q0.2 不能得电，实现互锁。

（2）电动机反转运行

当按下反转按钮 SB3 时，PLC 输入继电器 I0.3 得电，其常开触点闭合，输出继电器 Q0.2 得电并自锁。变频器的端口 DIN2（即 6 脚）为"ON"状态。电动机按 P1120 所设置的 8s 斜坡上升时间反向启动，经 8s 后，电动机反向稳定运行在由 P1040 所设置的 30 Hz 频率对应的转速上。此时 Q0.2 的常闭触点断开，输出继电器 Q0.1 不能得电，实现互锁。

（3）电动机停车

无论电动机当前处于正转或反转运行状态，当按下停止按钮 SB2 后，输入继电器 I0.2 得电，其常闭触点断开，使输出继电器 Q0.1（或 Q0.2）线圈失电，变频器 MM420 端口 5（或 6）为"OFF"状态，电动机按 P1121 所设置的 10s 斜坡下降时间正向（或反向）开始停车，经 10s 后电动机运行停止。

【操作实例 4-5】 通过 PLC 与变频器联机，实现变频器控制端口操作，完成对电动机正、反转运行的控制。控制要求：

① 按下正向启动按钮 SB1 时，电动机延时 15s 开始正向启动。电动机正向运行时，启动时间为 8s，变频器输出频率为 30Hz；

② 按下反向启动按钮 SB3 时，电动机延时 10s 开始反向启动。电动机反向运行时，启动时间为 8s，变频器输出频率为 30Hz；

③ 电动机停止时，按下停止按钮 SB2，电动机 10s 内停车。

【操作方法和步骤】

1．按要求接线

按图 4-16 所示接线，检查接线正确后，合上主电源开关 QS，给变频器供电。

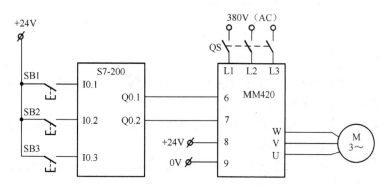

图 4-16　PLC 和变频器联机的正反转延时控制电路

2．PLC 程序设计

根据控制要求确定 PLC 的 I/O 配置如表 4-13 所示。

在 STEP7-Micro/ WIN 编程软件中进行控制程序设计，并用一根 PC/PPI 编程电缆将程序下载到 S7-226 PLC 中。PLC 参考程序如图 4-17 所示。

表 4-13   PLC 的 I/O 配置表

输　入			输　出		
电路符号	地址输入继电器	功　能	地址	连接变频器的端子	功　能
SB1	I0.1	电动机正转按钮	Q0.1	6	电动机正转/停止
SB2	I0.2	电动机停止按钮	Q0.2	7	电动机反转/停止
SB3	I0.3	电动机反转按钮			

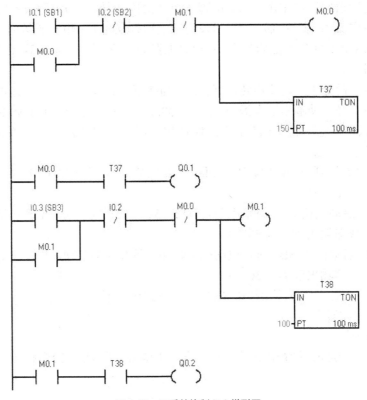

图 4-17　正反转控制 PLC 梯形图

3. 变频器参数设置

（1）参数复位。设置 P0010 = 30 和 P0970 = 1，按下 P 键，开始复位，复位过程大约 3min。这样保证变频器的参数恢复到工厂的默认值。

（2）电动机参数设置。为了使电动机与变频器相匹配，需要设置电动机的相关参数，电动机选用型号为 JW7114。具体参数设置如表 4-2 所示。

电动机参数设置完成后，设 P0010 = 0，变频器当前处于准备状态，可正常运行。

（3）变频器参数设置如表 4-14 所示。

4. 电路工作过程

（1）电动机正转运行

当按下正向启动按钮 SB1 时，PLC 输入继电器 I0.1 得电，其常开触点闭合，辅助继电器

M0.0 得电，M0.0 常开触点闭合并自锁，同时接通定时器 T37 延时 15s。当时间达到时，定时器 T37 位触点闭合，输出继电器 Q0.1 得电，将正向启动信号送到变频器 MM420 的 6 脚，使变频器的数字输入端口 DIN2 为"ON"状态。电动机在发出正向启动信号 15s 后，按 P1120 所设置的 8s 斜坡上升时间正向启动，经 8s 后电动机正向运行在由 P1040 所设置的 30 Hz 频率对应的转速上。

表 4-14　　　　　　　　　　　　　变频器参数

参数代码	出厂值	设置值	说　明
P0003	1	1	设用户访问级为标准级
P0004	0	7	命令和数字 I/O
P0700	2	2	命令源选择"由端子排输入"
P0003	1	2	设用户访问级为扩展级
P0004	0	7	命令和数字 I/O
P0702	1	1	ON 接通正转，OFF 停止
P0703	1	2	ON 接通反转，OFF 停止
P0003	1	1	设用户访问级为标准级
P0004	0	10	设置值通道和斜坡函数发生器
P1000	2	1	由键盘（电动电位计）输入设置值
P1080	0	0	电动机运行的最低频率（Hz）
P1082	50	50	电动机运行的最高频率（Hz）
P1120	10	8	斜坡上升时间（s）
P1121	10	10	斜坡下降时间（s）
P0003	1	2	设用户访问级为扩展级
P0004	0	10	设置值通道和斜坡函数发生器
P1040	5	30	设置键盘控制的频率值

在 M0.0 得电的同时，其常闭触点断开，辅助继电器 M0.1 不能得电，进而使电动机不能反向运行，实现互锁。

（2）电动机反转运行

当按下反向启动按钮 SB3 时，PLC 的输入继电器 I0.3 得电，其常开触点闭合，辅助继电器 M0.1 得电，M0.1 常开触点闭合并自锁，同时接通定时器 T38 延时 10s。当时间达到时，定时器 T38 位触点闭合，输出继电器 Q0.2 得电，将反向启动信号送到变频器 MM420 的 7 脚，使变频器的数字输入端口 DIN3 为"ON"状态。电动机在发出反向启动信号 10s 后，按 P1120 所设置的 8s 斜坡上升时间反向启动，经 8s 后电动机反向运行在由 P1040 所设置的 30 Hz 频率对应的转速上。

在 M0.1 得电的同时，其常闭触点断开，辅助继电器 M0.0 不能得电，进而使电动机不能正向启动，实现互锁。

（3）电动机停车

无论电动机当前处于正向（或反向）运行状态，当按下停止按钮 SB2 后，输入继电器 I0.2 得电，其常闭触点断开，使辅助继电器 M0.0 和 M0.1 线圈失电，其常开触点断开，输出继电器 Q0.1 和 Q0.2 都失电，将电动机停止信号送到 MM420 的 6 脚和 7 脚，变频器端口 6 脚和 7 脚都为 "OFF" 状态，电动机按 P1121 所设置的 10s 斜坡下降时间正向（或反向）开始停车，10s 后电动机运行停止。

4.2.3 电动机的多段速控制

由于工艺上的要求，很多生产机械在不同的阶段需要在不同的转速下运行。为了方便这种负载，大多数变频器均提供了多段速控制功能，其转速挡的切换是通过外接开关器件改变其输入端的状态组合来实现的。西门子 MM420 变频器的多段速运行共有 8 种运行速度，通过外部接线端子的控制可以运行在不同的速度上，特别是与可编程控制器联合起来控制更方便，在需要经常改变速度的生产工艺和机械设备中得到广泛应用。

下面简单介绍用 PLC 的开关量直接对变频器实现多段速调速的方法。

【操作实例 4-6】 使用 S7-200 PLC 和 MM420 变频器联机，实现电动机三段速频率运转控制。要求按下电动机运行按钮，电动机启动并运行在 10Hz 频率所对应的 280r/min 转速上；延时 10s 后电动机升速，运行在 25Hz 频率所对应的 700r/min 转速上；再延时 10s 后电动机继续升速，运行在 50Hz 频率所对应的 1400r/min 转速上。当按下停止按钮，电动机停止运行。

【操作方法和步骤】

1. PLC 输入/输出地址分配

变频器 MM420 数字输入 DIN1（端口 5），DIN2（端口 6）端口通过 P0701、P0702 参数设为三段固定频率控制端，每一段的频率可分别由 P1001、P1002 和 P1003 参数设置。变频器数字输入 DIN3（端口 7）端口设为电动机运行、停止控制端，可由 P0703 参数设置。

三段固定频率控制曲线如图 4-18 所示。

PLC 输入/输出地址分配如表 4-15 所示，三段固定频率控制状态表如表 4-16 所示，I/O 接口分配如表 4-17 所示。

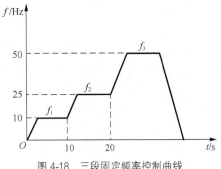

图 4-18 三段固定频率控制曲线

表 4-15   PLC 的 I/O 分配表

输 入			输 出	
电路符号	地 址	功 能	地 址	功 能
SB1	I0.1	启动按钮	Q0.1	DIN1
SB2	I0.2	停止按钮	Q0.2	DIN2
			Q0.3	DIN3

表 4-16   三段固定频率控制状态表

输 入		输 出	
电动机运行 SB1	I0.1	固定频率设置，接变频器数字输入端口 5	Q0.1
电动机停止 SB2	I0.2	固定频率设置，接变频器数字输入端口 6	Q0.2
		电动机运行/停止控制，接变频器数字输入端口 7	Q0.3

表 4-17　　　　　　　　　　　　　　　　I/O 接口分配表

固定频率	Q0.1（端口 5）	Q0.2（端口 6）	Q0.3（端口 7）	对应频率所 设置参数	频率（Hz）	转速 （r/min）
1	1	0	1	P1001	10	180
2	0	1	1	P1002	25	700
3	1	1	1	P1003	50	1400
停止	—	—	0		0	0

2. 按要求接线

S7-200 和 MM420 联机实现三段固定频率控制电路图如图 4-19 所示。按图所示接线，检查接线正确后，合上主电源开关 QS，给变频器供电。

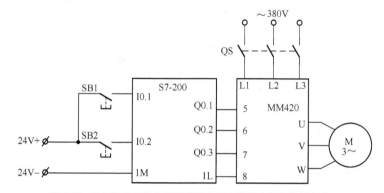

图 4-19　PLC 和 MM420 变频器联机实现三段固定频率控制电路图

3. PLC 程序设计

在 STEP7-Micro/ WIN 编程软件中进行控制程序设计，并用一根 PC/PPI 编程电缆将程序下载到 S7-200 PLC 中。PLC 运行参考程序如图 4-20 所示。

4. 变频器参数设置

变频器在通电状态下，完成相关参数设置。

（1）参数复位。设置 P0010 = 30 和 P0970 = 1，按下🅿键，开始复位，复位过程大约 3min。这样就保证了变频器的参数恢复到工厂的默认值。

（2）电动机参数设置。为了使电动机与变频器相匹配，需要设置电动机的相关参数，电动机选用型号为 JW7114。具体参数设置如表 4-2 所示。电动机参数设置完成后，设 P0010 = 0，变频器当前处于准备状态，可正常运行。

（3）变频器参数设置

1）变频器主要参数设置如表 4-18 所示。

表 4-18　　　　　　　　　　　　　　　　变频器主要参数

参 数 代 码	出 厂 值	设 置 值	说　　　明
P0003	1	1	设用户访问级为标准级
P0004	0	7	命令和数字 I/O
P0700	2	2	命令源选择"由端子排输入"
P0003	1	2	设用户访问级为扩展级

续表

参 数 代 码	出 厂 值	设 置 值	说　　　明
P0004	0	7	命令和数字 I/O
* P0701	1	17	选择固定频率
* P0702	1	17	选择固定频率
* P0703	1	1	ON 接通正转，OFF 停止
P0003	1	1	设用户访问级为标准级
P0004	0	10	设置值通道和斜坡函数发生器
P1000	2	3	选择固定频率设置值
P0003	1	2	设用户访问级为扩展级
P0004	0	10	设置值通道和斜坡函数发生器
* P1001	0	10	设置固定频率 1（Hz）
* P1002	5	25	设置固定频率 2（Hz）
* P1003	10	50	设置固定频率 3（Hz）

注：标 "*" 号的参数可根据用户要求修改。

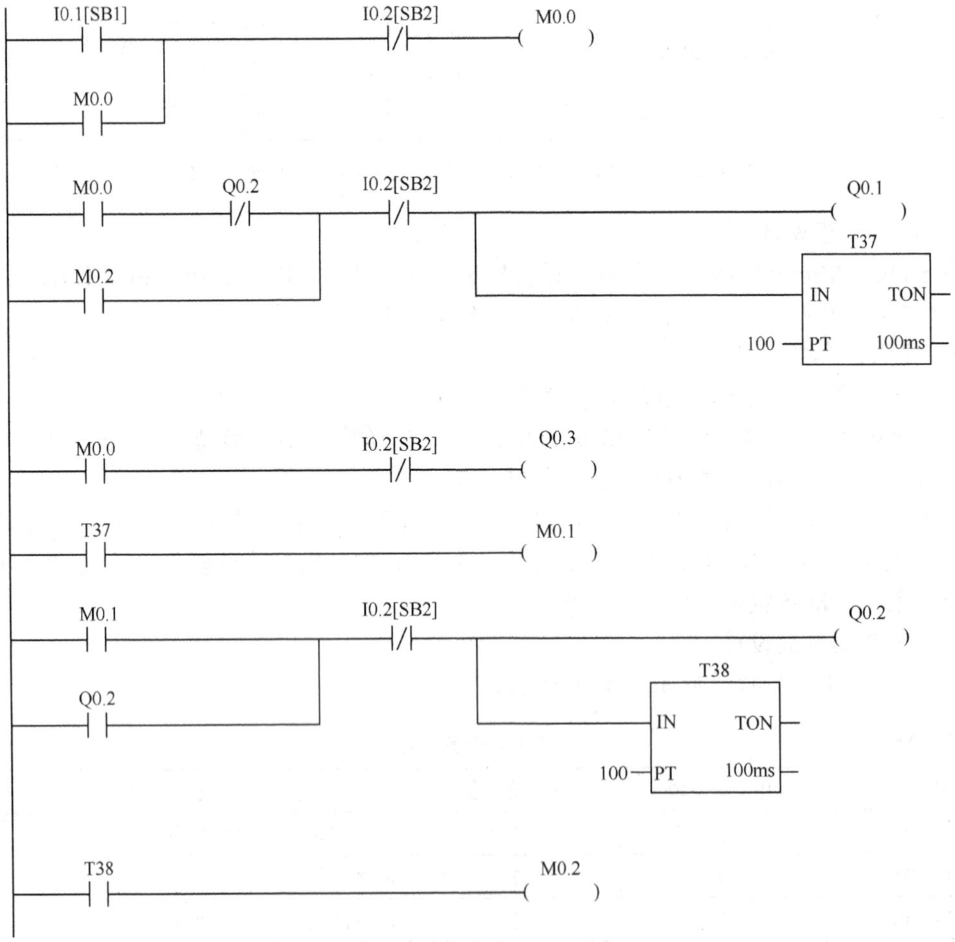

图 4-20　PLC 联机运行参考程序

2）参数含义详解

① P0701～P0703 设置数字输入端 1、2、3 的功能为固定频率设置值。MM420 系列变频器共有 4 个数字输入端，除缺省值不同以外，每个数字输入端的对应不同的功能都有 19 种不同的设置值。对应本任务的控制要求，除需要用 1 个端子来完成启动、停止外，剩余的 3 个端子用来完成 4 级速度的切换。而用来完成速度切换的端子可选的设置值有 3 种选择，分别为：

15——固定频率设置值，直接选择。

16——固定频率设置值，直接选择+ON 命令。

17——固定频率设置值，二进制编码的十进制数（BCD 码）选择+ON 命令。

② P1001～P1007 多段速设置频率。此参数为多段速设置频率值，是定义固定频率 1～7 的设置值，这 7 个参数只有缺省值不同，现以 P1001 为例，介绍它的使用方法。有三种选择固定频率的方法：

a）直接选择（P0701 = P0702 = P0703 = 15）。在这种操作方式下，一个数字输入端选择一个固定频率。如果有几个固定频率输入同时被激活，选定的频率是它们的总和。例如：FF1+FF2+FF3。需要说明的是，在直接选择的操作方式下，还需要一个 ON 命令才能使变频器投入运行。

b）直接选择+ON 命令（P0701 = P0702 = P0703 = 16）。选择固定频率时，既有选定的固定频率，又带有 ON 命令，把它们组合在一起。

在这种操作方式下，一个数字输入端选择一个固定频率。如果有几个固定频率输入同时被激活，选定的频率是它们的总和。例如：FF1+FF2+FF3。

c）二进制编码的十进制数（BCD 码）选择+ON 命令（P0701 = P0702 = P0703 = 17）。使用这种方法最多可以选择 7 个固定频率。固定频率数值与数字端子组合如表 4-19 所示。

表 4-19 固定频率数值与数字端子组合

		DIN3	DIN2	DIN1
	OFF	不激活	不激活	不激活
P1001	FF1	不激活	不激活	激活
P1002	FF2	不激活	激活	不激活
P1003	FF3	不激活	激活	激活
P1004	FF4	激活	不激活	不激活
P1005	FF5	激活	不激活	激活
P1006	FF6	激活	激活	不激活
P1007	FF7	激活	激活	激活

值得注意的是，为了使用固定频率功能，除按控制要求设置好不同的频率值以外，还需要将 P1000 的设置值设置为 3，选择固定频率的操作方式。

5．电路工作过程

（1）电动机工作在第 1 频段

按下程序启动按钮 SB1 时， PLC 的输入继电器 I0.1 得电，I0.0 的常开触点闭合，辅助继电器 M0.0 得电并自锁，M0.0 的常开触点闭合，输出继电器的 Q0.1、Q0.3 得电。

Q0.1 得电时，与 Q0.1 相连的变频器端口 DIN1（5 脚）为"ON"状态，同时定时器 T37 得电计时。

Q0.3 得电，与 Q0.1 相连的变频器端口 DIN3（7 脚）为"ON"状态；此时由于 M0.1 断开，Q0.2 未得电，变频器端口（6 脚）为"OFF"。

根据表 4-17 可知，电动机进入第 1 频段工作。

（2）电动机工作在第 2 频段

T37 延时时间（10s）到，T37 的位常开触点闭合，辅助继电器 M0.1 得电，M0.1 常开触点闭合，输出继电器 Q0.2 得电，同时定时器 T38 得电计时。

Q0.2 得电，其常开触点闭合，自锁，变频器端口（6 脚）为"ON"。

Q0.2 得电时，Q0.2 的常闭触点断开，使 Q0.1 失电，变频器端口（5 脚）为"OFF"；同时使 T37 失电，T37 的位常开触点断开，使 M0.1 失电。

由于 Q0.3 继续保持得电，变频器端口（7 脚）仍为"ON"。

根据表 4-17 可知，电动机进入第 2 频段工作。

（3）电动机工作在第 3 频段

T38 延时时间（10s）到，T38 的位常开触点闭合，辅助继电器 M0.2 得电，M0.2 常开触点闭合，输出继电器 Q0.1 得电，变频器端口（5 脚）为"ON"；同时定时器 T37 得电。

由于 Q0.2、Q0.3 继续保持得电，变频器端口（6 脚和 7 脚）仍为"ON"。

根据表 4-17 可知，电动机进入第 3 频段工作，并保持。

（4）停机

按下停止按钮 SB2，输入继电器 I0.2 得电，I0.2 的常闭触点断开，M0.0、Q0.1、T37、Q0.3、Q0.2、T38 失电。

Q0.1 失电，变频器端口（5 脚）为"OFF"；

T37 失电，T37 位常开触点断开，M0.1 失电；T38 失电，T38 位常开触点断开，M0.2 失电；

Q0.3 失电，变频器端口（7 脚）为"OFF"；

Q0.2 失电，变频器端口（6 脚）为"OFF"；

根据表 4-17 可知，电动机停止。

4.2.4 变频与工频的切换控制

变频与工频的切换控制主要见于如下场合：

（1）有些机械在生产过程中是不允许停机的，一旦变频器发生故障后，应立即把电动机切换到工频电源上去，以保持系统继续工作。当变频器修复后，再切换为变频运动。

（2）在水泵的恒压供水系统中，如果变频泵的运行频率已经达到了上限频率，而供水系统的压力仍不足时，应将该泵切换为工频运行，而让变频器去启动另一台泵。反之，如果一台水泵在工频运行，而供水压力偏高时，也可以把水泵切换成变频运行。

变频器和工频电源的切换有手动和自动两种方式，这两种切换方式都需要配加外电路。如果采用手动切换方式，则只需要在适当的时候由人工来完成，控制电路比较简单；如果采用自动切换方式，则除控制电路比较复杂外，还需要对变频器进行参数参数设置。大多数变频器常有两种选择：①报警时的工频电源/变频器切换选择；②自动变频器/工频电源切换选择。

切换电路的控制可以用继电器控制，也可以用 PLC 与变频器联机控制。这里以 PLC 与变频器联机控制为例介绍变频与工频的切换控制方法。

【操作实例 4-7】　通过 PLC 与变频器联机实现工频-变频切换。要求变频运行时，电动机可以正转，也可以反转。当变频器异常时，切换到工频电源运行；或者在变频器的频率上升到 50Hz 并保持长时间运行时，应将电动机切换到工频电源运行。

【操作方法和步骤】

1. **按要求接线**

控制电路如图 4-21 所示，按图接线并检查接线正确后，合上主电源开关 QS，给 PLC 和变频器供电。

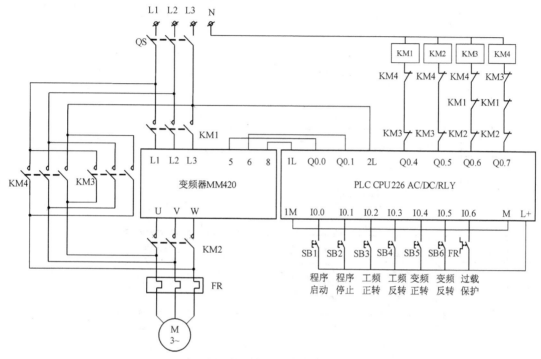

图 4-21　PLC 与变频器联机控制工频-变频切换控制电路

2. **PLC 程序设计**

根据控制要求确定 PLC 的 I/O 配置如表 4-20 所示。

表 4-20　　　　　　　　　　　　　固定频率数值与数字端子组合

输 入 设 备		PLC 输入继电器	输 出 设 备		PLC 输入继电器
代　号	功　能		代　号	功　能	
SB1	程序启动	I0.0	变频器端子"5"	电动机正转控制信号	Q0.0
SB2	程序停止	I0.1	变频器端子"6"	电动机反转控制信号	Q0.1
SB3	工频正转运行	I0.2	KM1	变频器输入电源控制	Q0.4
SB4	工频反转运行	I0.3	KM2	变频器输出电源控制	Q0.5
SB5	变频正转运行	I0.4	KM3	电动机工频正转控制	Q0.6
SB6	变频反转运行	I0.5	KM4	电动机工频反转控制	Q0.7
FR	过载继电器	I0.6			

在 STEP7-Micro/WIN 编程软件中进行控制程序设计，并用一根 PC/PPI 编程电缆将程序下载到 S7-200 PLC 中。PLC 参考程序如图 4-22 所示。

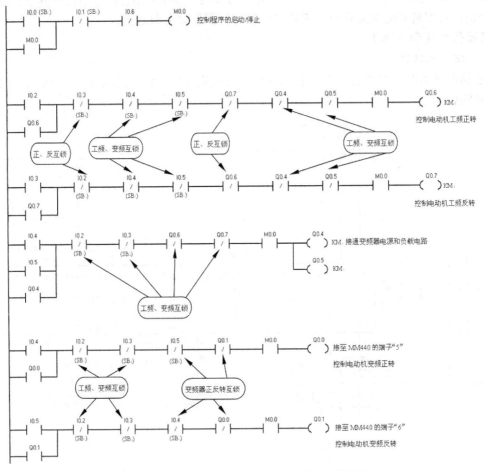

图 4-22　PLC 与变频器联机控制工频-变频运行梯形图

3. 变频器参数设置

（1）参数复位。设置 P0010 = 30 和 P0970 = 1，按下 **P** 键，开始复位，复位过程大约 3min。这样就保证了变频器的参数恢复到工厂的默认值。

（2）电动机参数设置。为了使电动机与变频器相匹配，需要设置电动机的相关参数，电动机选用型号为 JW7114。具体参数设置如表 4-2 所示。

电动机参数设置完成后，设 P0010 = 0，变频器当前处于准备状态，可正常运行。

（3）变频器参数设置如表 4-21 所示。

表 4-21　　　　　　　　工频-变频切换控制的变频器参数设置

参数代码	出　厂　值	设　置　值	说　　明
P0003	1	1	设用户访问级为标准级
P0004	0	0	可访问全部参数
P0700	2	2	命令源选择"由端子排输入"

续表

参 数 代 码	出 厂 值	设 置 值	说　　明
P1000	2	3	频率由 BOP 设置为固定值
P1080	0	30	电动机运行的最低频率（Hz）
P1082	50	50	电动机运行的最高频率（Hz）
P1120	10	5	斜坡上升时间（s）
P1121	10	5	斜坡下降时间（s）
P0003	1	3	设用户访问级为专家级
P0004	0	7	命令和数字 I/O
P0701	1	1	ON 接通正转，OFF 停止
P0702	1	2	ON 接通反转，OFF 停止
P1110	0	1	允许反转运行

4. 电路工作过程

（1）启动控制程序

按下程序启动按钮 SB1 时，PLC 的输入继电器 I0.0 得电，I0.0 的常开触点闭合，辅助继电器 M0.0 得电并自锁，M0.0 的常开触点闭合，为输出继电器的 Q0.0、Q0.1、Q0.4、Q0.5、Q0.6、Q0.7 得电提供条件。

按下程序停止按钮 SB2 时，PLC 的输入继电器 I0.1 得电，I0.1 的常闭触点断开，辅助继电器 M0.0 失电并解除自锁，M0.0 的常开触点恢复断开状态，使输出继电器的 Q0.0、Q0.1、Q0.4、Q0.5、Q0.6、Q0.7 不能得电。

（2）变频运行

① 电动机正转运行

当按下变频正转运行按钮 SB5 时，I0.4 得电，I0.4 的常开触点闭合，输出继电器 Q0.0、Q0.4、Q0.5 得电并自锁；I0.4 的常闭触点断开，输出继电器 Q0.1、Q0.6、Q0.7 不能得电。

Q0.4、Q0.5 得电自锁时，接触器 KM1、KM2 线圈得电，常开触点 KM1、KM2 闭合，接通变频器电源和负载电路。

Q0.0 得电自锁，使变频器 MM420 的端子 5 为"ON"，电动机变频正转启动运行。

Q0.1 不能得电，变频器的端子 6 为"OFF"，电动机不能反转，即变频运行时正、反转互锁。

Q0.6、Q0.7 不能得电，KM3、KM4 不能闭合，即电动机变频运行时不能启动工频运行，实现互锁。

② 变频正转停止运行

按下程序停止按钮 SB2，继电器 I0.1 得电，I0.1 的常闭触点断开，辅助继电器 M0.0 失电并解除自锁，M0.0 的常开触点恢复断开状态，使输出继电器的 Q0.0、Q0.1、Q0.4、Q0.5、Q0.6、Q0.7 失电，电动机停止运行。

③ 变频反转运行与停止

其工作过程与正转相同，只是按下变频反转运行按钮 SB6，在此不再赘述。

（3）工频运行

① 工频正转运行

按下工频正转运行按钮 SB3，I0.2 得电，I0.2 的常开触点闭合，输出继电器 Q0.6 得电并自锁；I0.2 的常闭触点断开，输出继电器 Q0.0、Q0.1、Q0.4、Q0.5、Q0.7 不能得电。

Q0.6 得电自锁时，接触器 KM3 线圈得电，常开触点 KM3 闭合，电动机启动工频正转运行。

Q0.4、Q0.5、Q0.7 不能得电，接触器 KM1、KM2、KM4 线圈不能得电，常开触点 KM1、KM2、KM4 不能闭合，即电动机工频运行时不能工频反转，也不能接通变频器电源和负载电路。

Q0.0、Q0.1 不能得电，变频器的端子 5 和端子 6 为 "OFF"，电动机不能变频运行。即工频运行不能启动变频运行，互锁。

② 工频正转停止运行

按下程序停止按钮 SB2，继电器 I0.1 得电，I0.1 的常闭触点断开，辅助继电器 M0.0 失电并解除自锁，M0.0 的常开触点恢复断开状态，使 Q0.6 失电，接触器 KM3 线圈失电，常开触点 KM3 断开，电动机停止运行。

③ 工频反转运行与停止

其工作过程与正转相同，只是按下变频反转运行按钮 SB4，在此不再赘述。

4.3 小结

本章主要通过多个实例来讲解 MM420 变频器的各种功能操作，包括：BOP 面板控制运行、外部数字量端子控制运行、外部模拟量端子控制运行、程序控制运行和 PID 控制运行。通过本章的学习，主要掌握各种功能操作的实现方法，对应功能的变频器参数设置和各种功能的操作运行过程。

4.4 习题

1. 某台升降机，用变频器控制，要求有正反转指示，正转运行频率为 30Hz，反转运行频率为 20Hz。试用 PLC 与变频器联合控制，完成接线、参数设置、PLC 程序编制，并进行调试。

2. 用 PLC 和变频器联机实现电动机 7 段频率运行。7 段频率依次为：第 1 段频率 10Hz；第 2 段频率 20Hz；第 3 段频率 40Hz；第 4 段频率 50Hz；第 5 段频率-20Hz；第 6 段频率-40Hz；第 7 段频率 20Hz。设计出电路原理图，写出 PLC 控制程序和相应参数设置。

3. 变频器控制工业洗衣机多段速运行。已知各段速频率分别为 20Hz、40Hz、10Hz，各段速时间分别为 30min、5min、15min。请设置功能参数，并画出运行控制图。

4. 某传感器输出为 4～20mA 电流信号，通过输入至模拟量模块来控制 MM440 变频器频率给定，要求输出频率范围为 0～50Hz。请选用合适的硬件，设计控制电路图并接线调试，写出调试成功的 PLC 程序和变频器参数设置。

5. 用 S7-200 PLC 和 MM420 变频器联机实现一控三运行（用一台变频器分别控制三台电动机运行）。要求按下按钮 SB1 后电动机 M1 工作，按下按钮 SB2 后电动机 M2 工作，按下按钮 SB3 后电动机 M3 工作，按下按钮 TB1 后电动机工作停止，且任意时刻仅有一台电动机变频运行，变频器由操作面板控制。请设计控制电路图并接线调试，写出调试成功的 PLC 程序。

第5章 MM420 系列变频器组成的变频拖动系统

任何一种电力传动系统的运动规律都遵循运动方程 $T_M - T_L - T_0 = J_G \dfrac{dn}{dt}$。当 $T_M > T_L + T_0$ 时 $\rightarrow n \uparrow$，即电动机加速运行；当 $T_M < T_L + T_0$ 时 $\rightarrow n \downarrow$，即电动机减速运行；当 $T_M = T_L + T_0$ 时 $\rightarrow n = C$，即电动机恒速运行。电力传动系统的稳态工作点就是电动机的机械特性曲线与负载的机械特性曲线的交点。

5.1 恒转矩负载变频拖动系统

任何机械在运行过程中，都有阻碍运动的力或转矩，称之为阻力或阻转矩。负载转矩在极大多数情况下，都呈阻转矩性质。因此，负载的机械特性也就是负载的阻转矩与转速的关系。在分析负载的机械特性时，首先应弄清其阻转矩是怎么形成的，然后再分析转速变化时，阻转矩的变化规律。

5.1.1 恒转矩负载的特点

1. 典型实例

恒转矩负载应用的场合如传送带、搅拌机、挤压机等摩擦类负载以及吊车、提升机等位能负载。滚筒式负载、带式输送机是恒转矩负载的典型例子，其基本结构和工作情况分别如图 5-1（a），5-1（b）所示。

如图 5-1（a），5-1（b）所示，负载的阻力来之于与滚筒间的磨擦力，作用半径就是滚筒的半径。负载阻转矩的大小决定于：

$$T_L = F \cdot r$$

式中，F——摩擦阻力；

r——作用半径。

由于 F 与 r 都和转速的大小无关，所以在调节转速 n_L 的过程中，转矩 T_L 保持不变，具有恒转矩的特点。

2. 转矩的特点

恒转矩负载的特点是负载转矩与转速无关，任何转速下阻转矩总保持恒定或基本恒定。

$$T_L = const$$

即，负载阻转矩 T_L 的大小与转速 n_L 的高低无关，其机械特性曲线如图 5-1（c）所示。

必须注意：这里所说的转矩大小是否变化，是相对于转速变化而言的，不能和负载轻重变化时，转矩大小的变化相混淆。或者说，"恒转矩"负载的特点是：负载转矩的大小，仅仅取决于负载的轻重，而和转速大小无关。拿带式输送机来说，当传输带上的物品较多时，不论转速有多大，负载转矩都较大；而当传输带上的物品较少时，不论转速有多大，负载转矩都较小。

3. 功率与转矩的关系

因而，负载的功率 P_L 和转矩 T_L、转速 n_L 之间的关系是：

$$P_L = \frac{T_L n_L}{9550} \propto n_L \qquad (5\text{-}1)$$

式中，T_L——转矩单位 N·m；

　　　n_L——转速单位 r/min；

　　　P_L——机械功率单位 kW。

即：恒转矩的负载功率与转速成正比，其有效功率线如图 5-1（d）所示。

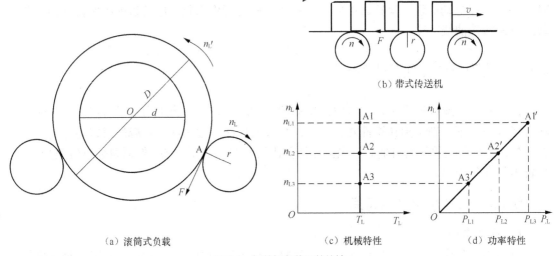

（a）滚筒式负载　　　　　　（b）带式传送机　　　　（c）机械特性　　　　（d）功率特性

图 5-1　恒转矩负载及其特性

5.1.2　主要功能的参数设置

功能参数设置的目的是使变频调速过程尽可能地与生产机械的特性和要求相结合，使拖动系统运行在最佳状态。

功能参数设置的操作方式及功能码、数据码的设置，系统的安装调试见本书相关内容。

恒转矩负载在应用变频调速系统时，进行功能参数设置需重点考虑以下内容。

1. 确定调速范围

（1）调速范围和负荷率的关系

变频器在外部无强迫通风的状态下提供的有效转矩线如图 5-2 所示。图中的横坐标是电动机的允许负荷率 σ_A。

这里，负荷率的定义是：电动机轴上的负载转矩 T_L，（负载折算到电动机轴上的转矩）与电动机额定转矩 T_{MN} 的比值，用 σ 表示。

$$\sigma = \frac{T_L'}{T_{MN}} \quad (5\text{-}2)$$

由图 5-2 可以看出，在拖动恒转矩负载时，允许的工作频率范围是和实际的负荷率有关的：实际负荷率越大，允许的工作频率范围越小；反之，实际负荷率越小，则工作频率范围越大。不同负荷率时的调速范围如表 5-1 所示。

（2）满足调速范围的计算

以某恒转矩负载为例：要求最高转速为 720r/min；最低转速为 80r/min（调速范围 $\alpha_n = 9$）。满负荷时负载侧的转矩为 140N·m。

原选电动机的数据：$P_N = 11$kW，$n_N = 1440$r/min。

原有传动装置的传动比为 $\lambda = 2$。

今采用变频调速，用户要求不增加额外的装置，如转速反馈装置及风扇等。但可以适当改变皮带轮的直径，在一定的范围内调整传动比。

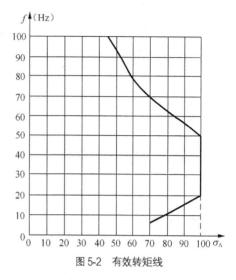

图 5-2 有效转矩线

表 5-1　　　　　　　　　　　　不同负荷率时的调速范围

负荷率（%）	最高频率（Hz）	最低频率（Hz）	调速范围（α_n）
100	50	20	2.5
90	56	15	3.7
80	62	11	5.6
70	70	6	11.6
60	78	6	13.0

相关的计算如下：

- 电动机的额定转矩　根据电动机的额定功率和额定转速求出：

$$T_{MN} = \frac{9550 \times 11}{1440} = 72.95\text{N·m}$$

- 负载转矩的折算值　根据负载转矩与传动比求出：

$$T_L' = \frac{140}{2} = 70\text{N·m}$$

- 电动机的负荷率　根据电动机轴上的负载转矩与额定转矩求出：

$$\sigma = \frac{70}{72.95} = 0.96$$

- 核实允许的变频范围

由图 5-2 知，当负荷率为 0.96 时，允许频率范围是 19～52Hz，调频范围为

$$\alpha_f = \frac{52}{19} = 2.74 < \; < \alpha_n (= 9)$$

显然，与负载要求的调速范围相去甚远。

- 减小负荷率的思考

由图 5-2 看出，如果负荷率为 70% 的话，则允许调频范围为 6～70Hz，调频范围为

$$\alpha_f = \frac{70}{6} = 11.7 > \alpha_n (= 9)$$

电动机轴上的负载转矩应限制在：

$$T_L' \leq 72.95 \times 70\% = 51\text{N} \cdot \text{m}$$

确定传动比：

$$\lambda' \geq \frac{140}{51} = 2.745$$

选

$$\lambda' = 2.75$$

- 校核

电动机的转速范围

$$n_{Mmax} = 720 \times 2.75 = 1980\text{r/min}$$

$$n_{Mmin} = 80 \times 2.75 = 220\text{r/min}$$

额定转差率

$$s = \frac{1500 - 1440}{1500} = 0.04$$

工作频率范围：假设在调速过程中，转差率不变，则

$$f_{max} = \frac{p \times n}{60(1 - s)} = \frac{2 \times 1980}{60 \times 0.96} = 68.75\text{Hz} < 70\text{Hz}$$

$$f_{min} = \frac{2 \times 220}{60 \times 0.96}$$

$$= 7.64\text{Hz} > 6\text{Hz}$$

因此，在负载转矩不变的前提下，传动比 λ 越大，则电动机轴上的负载率越小，调速范围（频率调节范围）越大。可见上述计算，设计时增大了传动比后，使工作频率在允许范围内，如图 5-3 所示。从而参数设置功能调整最高频率，基本频率，上、下限频率等参数。

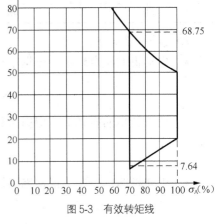

图 5-3　有效转矩线

2. 转矩提升

（1）恒转矩系统从静止状态启动时，静摩擦力往往较大，需要有较大的启动转矩，而运行频率则最低。

（2）在低频情况下，不存在轻载运行的工况。

（3）启动过程通常在轻载情况下进行。

所以"转矩提升"可以尽量提高电动机低频时的输出转矩。U/f 比参数应适当设置得大一些。但必须注意在启动过程中是否发生"过电流"跳闸。

3. 加、减速时间

根据负载的工作方式（连续工作或间歇工作方式），同时对系统的惯性考虑，来确定启动和制动过程中的参数，设置升速、降速时间和方式。

例如：传输带由于采用间歇输送方式，启动和制动比较频繁。而启动和制动过程是不进行工作的过渡过程，所以，加、减速时间应尽量地短。但这时，应注意两点：

（1）为了防止在启动和制动过程中因过电流或过电压而跳闸，参数设置加、减速应防止

跳闸功能；

（2）急剧而又频繁的减速，容易引起直流电路中泵升电压的升高，所以，应接入制动电阻和制动单元。

5.1.3　控制电路及其原理

货物升降机也属于恒转矩负载应用中的典型实例，现以此为例。

在传统的升降机系统控制中，往往采用异步电动机串电阻调速的方式，电阻的投切用继电器-接触器控制。这样不但调速换挡时机械冲击大、调速性能差、外接电阻能耗大，而且接线复杂，安全性差。采用 PLC 控制的变频拖动系统，不仅可实现升降机电动机的软启动和软制动，即启动时缓慢升速，制动时缓慢停车，而且还可实现多挡速度的程序控制，让中间的升降过程加快，货物上下传输快速、平稳、安全。

1. 货物升降机的基本结构

升降机的升降过程是利用电动机正反转卷绕钢丝绳带动吊笼上下运动来实现。小型货物升降机一般由电动机、滑轮、钢丝绳、吊笼以及各种主令电器等组成，其基本结构如图 5-4 所示。$SQ_1 \sim SQ_4$ 可以是行程开关，也可以是接近开关，用于位置检测，起限位作用。

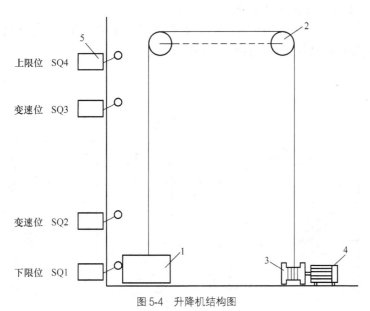

图 5-4　升降机结构图

1. 吊笼；2. 滑轮；3. 卷筒；4. 电动机；5. $SQ_1 \sim SQ_4$ 限位开关

2. 系统控制的要求

吊笼在升/降过程中，要求有一个由慢到快然后再由快到慢的过程，即启动时缓慢升速，达到一定速度后快速运行，当接接近终点时，先减速再缓慢停车。为此将图 5-4 中的升降过程划分为三个行程区间，各区间段的升降速度如图 5-5 所示。

（1）上升运行。当升降机的吊笼位于下限 SQ1 处，按下提升启动按钮 SB_2，吊笼以较低的第一速度（10Hz）平稳启动；当运行到预定位置 SQ2 时，以第二速度（30Hz）快速运行；等再到达预定位置 SQ3 时，升降机开始减速运行；以第一速度（10Hz）运行，直到碰到上限开关 SQ4 处实现平稳停车。

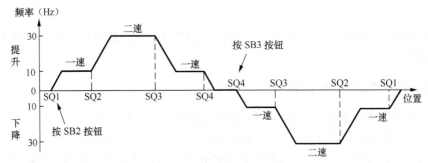

图 5-5 升降机升降速度图

（2）下降运行。当升降机的吊笼位于下限 SQ4 处，按下下降启动按钮 SB₃，吊笼以较低的第一速度（10Hz）平稳缓慢下降；当运行到预定位置 SQ3 时，以第二速度（30Hz）快速下降运行；等再到达预定位置 SQ2 时，升降机开始减速；以第一速度（10Hz）下降运行，直到碰到下限开关 SQ1 处实现平稳停车。

（3）急停状态。当升降机在运行过程中发生紧急情况时，可以按下急停按钮 SB1，升降机会停留在任意位置。

3. 控制系统的电路组成及工作原理

升降机自动控制系统主要由西门子 S7-200 系列可编程控制器、西门子 MM440 系列变频器和三相鼠笼式异步电动机组成，控制系统的电气原理如图 5-6 所示。

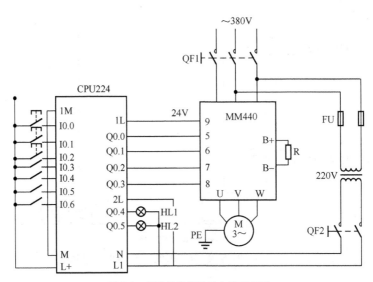

图 5-6 升降机控制系统电路原理图

图中 QF1 为断路器，具有隔离、过电流、欠电压等保护作用。由于升降机在下降过程中会发生回馈制动，变频器需外接制动电阻。为方便操作，急停按钮 SB₁、上升按钮 SB₂、下降按钮 SB₃ 可安装在底部和顶部，或者两地都安装，操作时，只需按下 SB₂ 或 SB₃，就可自动实现程序控制。

对于系统所要求的提升和下降以及由限位开关获取吊笼运行的位置信息，通过 PLC 内部程序的处理后，在 Q0.0、Q0.1、Q0.2、Q0.3 端输出相应的"0"、"1"信号来控制变频器输入端子的状态，使变频器及时按图 5-5 所示输出相应的频率，从而控制升降机的运行。当 PLC 输出端 Q0.2、Q0.3 的状态为 "10"，Q0.0 的状态为 "1" 时，变频器输出第一速频率，升降机以 10Hz 对应的转速上升；当 PLC 输出端 Q0.2、Q0.3 的状态为 "01" 时，变频器输出第二速频率，升降机以 30Hz 对应的转速上升；当 PLC 输出端 Q0.2、Q0.3 的状态为 "10"、"01"，Q0.1 的状态为 "1" 时，变频器升降机分别以 10Hz，30Hz 的转速下降。

因此，以 PLC 和变频器控制的调速方式取代原来的转子串电阻调速方式，具有加、减速平稳，运行可靠等特点，大大提高了系统的自动化程度。

5.2　恒功率负载变频拖动系统

恒功率负载的实例包括机床主轴、轧机、造纸机、塑料薄膜生产线中的卷取机、开卷机等。恒功率负载的阻转矩大小与转速成反比，但是电动机在不同转速下消耗的功率几乎不变，这就是所谓的恒功率名字的由来。负载的恒功率性质应该是就一定的速度变化范围而言的。当速度很低时，受机械强度的限制，转矩不可能无限增大，在低速下转变为恒转矩性质。

5.2.1　恒功率负载的特点

1. 典型实例
各种薄膜的卷取机械是恒功率负载的典型例子，如图 5-7（a）所示。

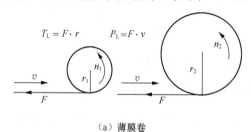

（a）薄膜卷

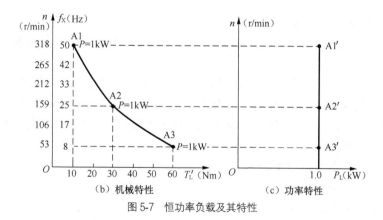

（b）机械特性　　　　　（c）功率特性

图 5-7　恒功率负载及其特性

其工作特点是：为了保证在卷绕过程中，被卷物的物理性能不发生变化，随着 "薄膜卷" 的卷径不断增大，卷取辊的转速应逐渐减小，以保持薄膜的线速度恒定，从而也保持了张力的恒定。

2. 功率特点
因为要保持线速度和张力恒定：

$$F = const$$

$$v = \text{const}$$

式中，F——被卷薄膜过程中要求恒定的张力，N；

v——为使张力大小保持不变，在卷取过程中要求恒定的卷薄膜的线速度，m/min。

所以，在不同的转速下，拖动负载的功率基本恒定：

$$P_L = Fv = \text{const}$$

恒功率负载功率的特点是：负载功率的大小与转速的高低无关，其功率特性曲线如图 5-7（c）所示。

3. 转矩特点

如图 5-7（a）所示，负载阻转矩的大小决定于：

$$T_L = F \cdot r \propto r$$

式中，r——卷取物的卷取半径。随着卷取物不断地卷绕到卷取辊上，r 将越来越大。

由于 P_L 不变，故有：

$$T_L = \frac{9550 P_L}{n_L} \propto \frac{1}{n_L} \tag{5-3}$$

恒功率负载转矩的特点是：负载阻转矩的大小与转速成反比，如图 5-7（b）所示。

4. 转速特点

如图 5-7（a）所示，在卷取过程中的卷薄膜的线速度一定；而卷取物的卷取半径随着卷取物不断地卷绕到卷取辊上，r 将越来越大，因此转速表示如下：

$$n_L = \frac{v}{2\pi r} \propto \frac{1}{r}$$

恒功率负载转速的特点是：负载的转速的大小与辊轮半径成反比。

5.2.2 恒功率负载变频拖动的主要问题

恒功率负载在实现变频调速系统时，考虑的主要问题是如何减少拖动系统的容量是关键。

1. 实现变频调速的主要问题

以某卷取机为例，负载的转速范围为 53～318r/min，电动机的额定转速为 960r/min，传动比 $\lambda = 3$。

其机械特性如图 5-8（b）的曲线①所示。图中，横坐标是电动机转矩 T_M 和负载转矩 T_L；纵坐标是电动机转速 n_M 和负载转速 n_L。应该注意的是，转速的折算 n_L'，实际上就是电动机的转速 n_M，但转矩的折算值 T_L' 却并不等于电动机的转速 T_M。计算时，为了便于比较，负载的转矩和转速都用折算值。

（1）最高转速时的负载功率

$\because \quad T_L' = T_{L\min}' = 10 \text{N} \cdot \text{m}$

$\quad\quad n_L' = n_{L\max}' = 960 \text{ r/min}$

$\therefore \quad P_L = \dfrac{10 \times 960}{9550} \approx 1 \text{kW}$

（2）最低转速时的负载功率

$\because \quad T_L' = T_{L\max}' = 60 \text{N} \cdot \text{m}$

$\quad\quad n_L' = n_{L\min}'$

$$=153\text{r/min}$$

$$\therefore \quad P_{\text{L}}=\frac{60\times153}{9550}\approx1\text{kW}$$

就是说，在卷绕的全过程中，负载的功率是恒定的。

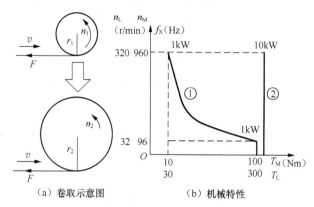

（a）卷取示意图　　　　（b）机械特性

图 5-8　电动机拖动恒功率负载

（3）所需电动机的容量

- 电动机的额定转矩必须能够带动卷径最大时的负载转矩

$$T_{\text{MN}}\geqslant T_{\text{Lmax}}'=60\text{N}\cdot\text{m}$$

- 电动机的额定转速必须满足负载的最高转速

$$n_{\text{MN}}\geqslant n_{\text{Lmax}}'=960\text{r/min}$$

- 电动机的容量应满足

$$P_{\text{MN}}\geqslant\frac{60\times960}{9550}\approx6\text{kW}$$

选 $P_{\text{MN}}=7.5\text{kW}$

可见，所选电动机的容量比负载实际所需功率增大了 7.5 倍。

这是因为，电动机既要满足负载的最大转矩，又要满足负载的最高转速，故所需容量为：

$$P_{\text{MN}}\geqslant\frac{T_{\text{Lmax}}\cdot n_{\text{Lmax}}}{9550}$$

而负载实际所需功率为：

$$P_{\text{L}}=\frac{T_{\text{Lmax}}n_{\text{Lmin}}}{9550}$$

两者之比为：

$$\frac{P_{\text{MN}}}{P_{\text{L}}}\geqslant\frac{n_{\text{Lmax}}}{n_{\text{Lmin}}}=\alpha_{\text{n}}$$

式中，α_{n} 为负载的调速范围。

可见，变频调速系统的容量比负载实际所需功率大了 α_{n} 倍，是很浪费的。

2．减少电动机容量的方法

（1）基本考虑

考虑到电动机在 $f_{\text{X}}>f_{\text{N}}$ 时的有效转矩线也具有恒功率性质，所以应该尽量利用电动机的恒功率区来带动恒功率负载，使两者的特性比较吻合。

（2）$f_X \geq 2f_N$ 时的电动机容量

当 $f_{max}=2f_N$ 时，因为电动机的最高转速比原来增大了一倍，则传动比 λ' 也必增大一倍，为 $\lambda'=6$。图 5-9（a）画出了传动比增大后的机械特性曲线。其计算结果如下：

- 电动机的额定转矩　因为 $\lambda'=2\lambda$，所以负载转矩的折算值减小了一半

$$T_{MN} \geq T_{Lmax}'=30\text{N}\cdot\text{m}$$

- 电动机的容量　虽然电动机的最高转速增大了，但额定转速未变，故

$$P_{MN} \geq \frac{30 \times 960}{9550} \approx 3\text{kW}$$

取 $P_{MN}=3.7\text{kW}$

可见，所需电动机的容量减小了一半。

如果最高频率达到额定频率的 3 倍，则可进一步将电动机的容量减小为 2.2kW，如图 5-9（b）所示。

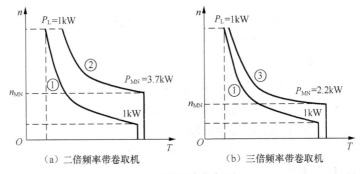

（a）二倍频率带卷取机　　　　　（b）三倍频率带卷取机

图 5-9　多倍频率带卷取机

电动机如果长时间在过高频率下工作，会引起轴承磨损及动平衡等方面的问题，一般不推荐在 2 倍频率以上运行。但卷取机在最高频率下运行的时间极短，随着半径的迅速增大，卷辊的转速将迅速下降。所以，上述方案是可行的。

3. 车床实例

某意大利产 SAG 型精密车床，原拖动系统采用电磁离合器配合齿轮箱进行调速。由于电磁离合器损坏率较高，国内无配件，进口件又十分昂贵，故改用变频调速。具体情况如下：

（1）基本数据

- 主轴转速共分八挡：75、120、200、300、500、800、1200、2000r/min；
- 电动机额定容量　2.2kW；
- 电动机额定转速　1440r/min；

（2）主要计算数据

- 调速范围

$$\alpha_L = \frac{n_{Lmax}}{n_{Lmin}} = \frac{2000}{75} = 26.67$$

- 计算转速　根据机械工程师提供的数据，计算转速的大小为 $n_D=300\text{r/min}$。即 $n_L \leq 300\text{r/min}$ 为恒转矩区；$n_L \geq 500\text{r/min}$ 为恒功率区。

（3）各挡转速下的负载转矩负载的实际功率按 2kW 计算，则各挡转速下负载转矩的计算

结果如表 5-2 所示。

表 **5-2**   各挡转速下的负载转矩

挡 次	1	2	3	4	5	6	7	8
转速（r/min）	75	120	200	300	500	800	1200	2000
转矩（N·m）	63.7	63.7	63.7	63.7	38.2	23.9	15.9	9.55
说 明	恒 转 矩 区				恒 功 率 区			

（4）电动机额定转矩

$$T_{MN} = \frac{9550 P_{MN}}{n_{MN}} = \frac{9550 \times 2.2}{1440} = 14.6 \text{N·m}$$

（5）对调速方案的分析

* 功率调节范围限制在额定频率以下

车床的机械特性如图 5-10 中的曲线①所示；电动机的有效转矩线如图 5-10 中的曲线②所示。这时，电动机须满足：

$$T_{MN} > T_L = 63.7 \text{N·m}$$

$$n_{MN} \geqslant n_L = 2000 \text{r/min}$$

所以 $$P_{MN} > P_L = \frac{63.7 \times 2000}{9550} = 13.34 \text{kW}$$

取 $P_{MN} = 15 \text{kW}$

可见，所需电动机的容量比原来增大了近 7 倍。

* 频率调节范围扩大到 100Hz，一挡传动比

因为车床的大部分机械特性属于恒功率性质，而电动机在额定频率以上的有效转矩线也具有恒功率性质，因此，从充分利用电动机的潜能出发，将电动机的最高工作频率增大为 100Hz。这时，电动机的有效转矩线如图 5-11 之曲线③所示。

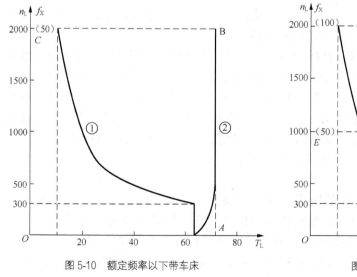

图 5-10   额定频率以下带车床

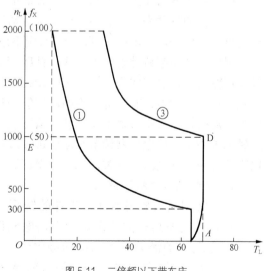

图 5-11   二倍频以下带车床

在这种情况下，电动机的额定转速只需和负载最高转速的 1/2 相等就可以了

$$n_{MN} \geqslant n_L/2 = 1000 \text{r/min}$$

所以 $P_{MN} > P_L = \dfrac{63.7 \times 1000}{9550} = 6.67 \text{kW}$

取 $P_{MN} = 7.5 \text{kW}$

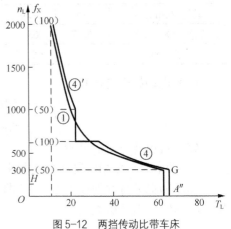

所需电动机容量虽然减小了一半，但仍比原来增大了 3 倍多。

● 频率调节范围扩展为 100Hz，两挡传动比

由于车床在切削过程中是不进行调速的，每次调速都在停机的情况下进行。所以，可以考虑采用两挡传动比的方案。

这时，电动机折算到负载轴上的机械特性如图 5-12 中之曲线④和④′所示。曲线④是低速挡（传动比较大 $\lambda_1 = 5$）时的有效转矩线；曲线④′是高速挡（传动比较小 $\lambda_2 = 1.5$）时的有效转矩线。

图 5-12　两挡传动比带车床

由图知，在这种情况下，电动机的有效转矩线与负载的机械特性曲线十分贴近，其额定转速只需与负载的计算转速相当：

$$n_{MN} \geqslant 300 \text{ r/min}$$

所以　　　$P_{MN} > P_L = \dfrac{63.7 \times 300}{9550} = 2.0 \text{kW}$

取　　　$P_{MN} = 2.2 \text{kW}$

可见，如采用两挡传动比，原来的电动机可以留用，而不必增大其容量了。

5.2.3　控制电路及其原理

铣床是用铣刀在工件上加工各种表面的机床。铣刀以旋转运动为主运动，铣刀及铣床床面带动工件的移动为进给运动。根据实际情况，铣床需有两台电机必须调速，一台是床面移动电机，一台是铣刀电机速度。结构示意图如 5-13（a）所示。

现以某公司铝铸锭铣面生产线，铣床床面移动电机的变频调速控制为例，介绍恒功率变频调速控制。该生产线将熔铸厂来的铸锭，送至铣床床面夹具上固定后床面做进给运动，由主轴电机带的刀盘旋转进行铣面，在铣面后可进入下一道工序。老式铣床的床面移动电机原为直流电机，采用模拟系统做调速器，现改为交流电机传动。床面前进时，操作人员根据主轴电机的电流用电位器调节床面前进速度给定值；床面后退时，设为高、低两挡速度，先以高速退回；在到减速点时，以低速退回到停车位置。

1. 变频调速的机械特性

由于铣刀只做旋转运动，工件的铣面速度，取决于创面的运动速度，其速度大于一定值后，电动机运行大于额定功率，电机调速由恒转矩变为恒功率性质。因此，为了充分发挥电动机的潜力，电动机的频率适当调制额定频率以上，使其有效转矩如图 5-13 中（b）所示。图中虚线 1 部分为有效转矩线，曲线 2 部分为变频调速后异步电动机的机械特性。

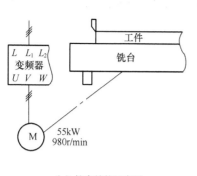

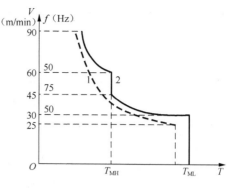

（a）铣床结构示意图　　　　　　　（b）变频调速控制图

图 5-13　铣台的速度控制

2. 变频调速系统的控制原理

系统的硬件以西门子变频调速器 MM440 为传动控制设备（床面移动电机选用 22kW 电动机），其变频调速控制原理图如图 5-14 所示。

MM440 型号变频器通过设置参数 P1300 可实现多种不同的运行方式来控制变频器输出电压和电机转速间的关系：线性 U/f（电压 / 频率）关系，抛物线 U/f 控制，多点 U/f 控制，与电压设置值无关的 U/f 控制，无传感器矢量控制等。本系统中采用了无传感器量矢量控制方式，在这种方式下，用固有的滑差补偿对电动机的速度进行控制。采用这种方式，可以得到大的转矩、改善瞬态响应特性、具有优良的速度稳定性，而且在低频时可以提高电动机的转矩。

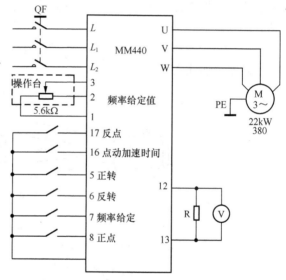

3. 变频调速系统的控制电路

在变频器的 L、L_1、L_2 端输入交流 380V 工作电源。变频器的控制接线端接收 PLC 的输出信号。根据实际操作需要，在不同工作

图 5-14　铣台变频调速控制原理图

方式下，变频器的速度按不同方式进行，调整方式时，PLC 输出正点和反点信号到变频器的 8 号和 17 号端，变频器以固定频率进行点动。正常工作时，分为床面前进和退回。床面前进时根据主轴电流大小用电位器控制床面前进速度给定。床面退回时，固定高、低两挡频率，先以高速退回，到达减速点后减速到低速直到停车位置。

5.3　二次方率负载变频拖动系统

5.3.1　二次方率负载的特点

二次方律负载的典型实例是离心式风机和水泵，如图 5-15（a）所示。

这类负载大多用于控制流体（气体或液体）的流量。由于流体本身无一定形状，且在一

定程度上具有可压缩性（尤其是气体），故难以详细分析其阻转矩的形成，本书将只引用有关的结论。

1. 转矩特点

负载的阻转矩 T_L 与转速 n_L 的二次方成正比：

$$T_L = K_T \cdot n_L^2 \tag{5-4}$$

其机械特性曲线如图 5-15（b）所示。

2. 功率特点

负载的功率 P_L 与转速 n_L 的三次方成正比：

$$P_L = \frac{K_T \times n_L^2 \times n_L}{9550} = K_P \cdot n_L^3 \tag{5-5}$$

以上两式中，K_T 和 K_P 分别为二次方律负载的转矩常数和功率常数。

功率特性曲线如图 5-15（c）所示。

3. 典型实例

以风扇叶片为例，如图 5-15（a）所示。事实上，即使在空载的情况下，电动机的输出轴上也会有损耗转矩 T_0 和损耗功率 P_0，如磨擦转矩及其功率等。因此，严格地讲，其转矩表达式应为：

$$T_L = T_0 + K_T \cdot n_L^2 \tag{5-6}$$

功率表达式为：

$$P_L = P_0 + K_P \cdot n_L^3 \tag{5-7}$$

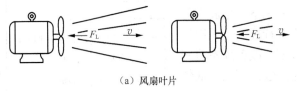

（a）风扇叶片

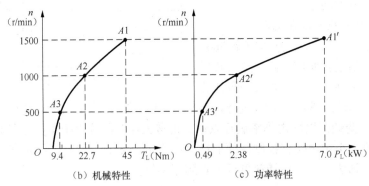

（b）机械特性　　　　　　　（c）功率特性

图 5-15　二次方律负载及其特性

5.3.2　风机变频调速的控制电路及其原理

由于离心式风机应用最广，特点较为典型，所以我们把离心式风机作为重点来讨论。当电动机转动时，风机的叶轮随之转动。叶轮在旋转时产生的离心力将空气从叶轮中甩出，汇集在机壳中，由于速度慢，压力高，空气便从通风机出口排出，流入管道。当叶轮中的空气被排出后，吸气口就形成了负压，吸气口外面的空气在大气压作用下又被压入叶轮中。因此，在叶轮连续旋转作用下不断排出和补入气体，从而达到连续鼓风的目的。其机械特性为二次方特性。

1. 风机的控制方法

传统的风机控制方式采用调节风门、挡板开度的大小来调整空气量。不论生产的需求大小，风机是全速运转，风量由风门的调节损失消耗掉了许多，从而导致生产成本增加，设备使用寿命缩短，设备维护、维修费用高居不下。

近年来，采取变频器驱动的方案开始逐步取代风门、挡板、阀门的控制方案，不仅起到了节能的效果，控制量的控制精度也大幅提高。

以鼓风机为例，鼓风机的自动变频调节风量的控制过程为：根据含氧量的测定或炉膛温度的测量，将测量信号变为电压、电流信号，通过 PID 调节进行测量值与设置值的比较，由变频器控制鼓风机变频调速，保障烟气稳定在燃料燃烧要求的最佳范围，完成送风量的调节，既节约了能源（电能和燃料），又使鼓风机控制更具合理性。

2. 风机的控制应注意的问题

离心式风机的机械特性具有二次方的特点，其转速一旦超过额定转速，阻转矩将大幅增大，容易使电动机和变频器处于过载状态。因此，风机采用变频控制时，上限频率不应超出额定频率。

由于风机的惯性较大，加速时间或减速时间过短将引起过电流或过电压。因此，变频器的加速时间和减速时间应设置得长些。变频器的加速方式和减速方式采用半 S 方式比较好。

3. 风机的控制电路及原理

以锅炉鼓风机系统进行控制为例。采用西门子 S7-200 型 PLC 和西门子系列中 MM430 变频器对图 5-16 所示风机电动机系统进行控制。

控制过程如下：

（1）控制系统是在变频和工频两种控制情况下进行。工频/变频转换开关 SA 在工频位置时，按下启动按钮 SB1，KM3 通电，电动机在工频情况下运行；按下停止按钮 SB2，电动机停止运行。

（2）工频/变频转换开关 SA 在变频位置时，按下启动按钮 SB1，KM1 和 KM2 通电，电动机在变频情况下运行；按下停止按钮 SB2，电动机停止运行。

（3）变频器频率由温度传感器测定信号后，经过 PID 调节器进行控制。

（4）当变频器出现故障后，锅炉鼓风机自动停止变频运行，5s 后转入工频运行，同时报警指示灯亮。故障排除后，按下复位按钮 SB3，报警指示灯灭，锅炉鼓风机停止工频运行，5s 后转入变频运行。

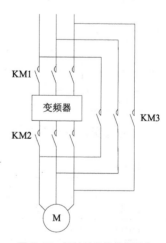

图 5-16　锅炉鼓风机控制系统

根据控制过程，鼓风机变频调速系统电路如图 5-17 所示，其中 PLC 的 I/O 接口分配如表 5-3 所示。

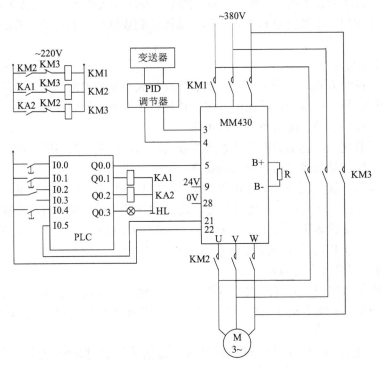

图 5-17　鼓风机控制变频调速系统电路示意图

表 5-3　　　　　　　　　　　S7-200PLC 的 I/O 接口分配

输　　　入			输　　　出		
输入地址	元　　件	作　　用	输出地址	元　　件	作　　用
I0.0	SB1	启动按钮	Q0.1	KA1	变频器变频运行
I0.1	SB2	停止按钮	Q0.2	KA2	变频器工频运行
I0.2	SA	工频转换	Q0.3	HL	变频器故障指示
I0.3	SA	变频转换			
I0.4	SB3	复位按钮			
I0.5	21，22 端	变频器故障输出			

鼓风机变频控制系统变频器参数设置如表 5-4 所示。

表 5-4　　　　　　　　鼓风机变频控制系统 MM430 变频器参数

参　数　号	设　置　值	说　　　　　明
P0003	3	用户访问所有参数
P0100	0	功率以 kW 表示，频率为 50Hz
P0304	380	电动机额定电压（V）
P0305	3	电动机额定电流（A）
P0307	75	电动机额定功率（kW）
P0309	0.94	电动机额定效率（%）
P0310	50	电动机额定频率（Hz）

续表

参数号	设置值	说明
P0311	2950	电动机额定转速（r/min）
P0700	2	命令由端子排输入
P0702	1	端子 DIN1 功能为 ON 接通正传
P0756	0	单极性电压输入（0～+10V）
P1000	2	频率设置通过外部模拟量给定
P1080	10	电动机运行的最低频率（Hz）
P1082	50	电动机运行的最高频率（Hz）
P1120	5	加速时间（s）
P1121	5	减速时间（s）

5.3.3　水泵变频调速的功能参数设置

随着变频调速技术的日益成熟，变频器可以根据给定压力信号和反馈压力信号调节水泵转速，从而达到控制管网中水压恒定，使供水网系中用水量发生变化时出口压力保持不变，这样既可以满足各个部位的用户对水的需求，又不使电机空转造成能量浪费。

1. 恒压供水调控原理

恒压供水的调控原理如图 5-18 所示，其中横坐标为水泵流量 Q，纵坐标为水泵扬程 H，泵的扬程和出水压力是线性关系，因此可以近似表示为出水压力 P。EA 是恒压线，n_1、n_2、n_3 是不同转速下的流量/压力特性。可见在 n_1 转速下，如果通过控制阀门的开度，使流量从 Q_a 减少到 Q_c 时，压力将沿 n_1 曲线升高到 D 点，所以在流量减少的同时，提高了压力。如果从转速 n_1 降低到 n_3，则流量沿着恒压力线从 Q_a 减少到 Q_c 时，而压力没变。

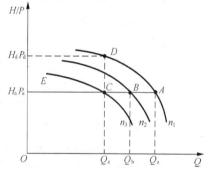

图 5-18　水泵扬程（压力）、流量、转速特性图

可见，在一定范围内，可以在保持出水压力恒定的前提下，通过改变转速来调节流量，并且没有压力升高带来的损失。这种特性表明：调节水泵转速改变出水流量，使压力稳定在恒压线上，就能够完成流体的恒压供水。

2. 恒压供水变频调速控制系统的结构和原理

控制系统的工作原理：变频调速恒压供水控制最终是通过调节水泵的转速来实现的，水泵是供水的执行单元，通过调速能实现水压恒定是由水泵特性来决定的，如图 5-19 所示。此图中水泵电机是输出环节，转速由变频器控制实现变流量恒压控制。

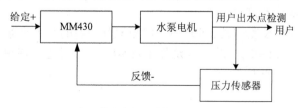

图 5-19　恒压供水变频调速控制系统原理结构框图

在西门子的系列变频器中，为实现恒压供水提供可靠技术保障，并且适于水泵变频调速的是 MM430，接收给定和反馈信号后经过 PID 调节输出运转频率指令，压力传感器检测管网出水压力并将其转变为变频器可接收的模拟信号进行调节。

MM430 拥有内置 PID 调节器可以提高供水系统压力的控制精度，改善控制系统的动态响应。PID 调节器设置一个目标值与用户要求的压力对应的值进行比较，通过调节 PID 参数来调节变频器的输出频率，从而调整水泵转速，改变水泵流量，使压力保持恒定。MM430 还扩展 PID 控制器的功能，可以进行节能方式控制为用户节约大量能源。

为了防止水池缺水时水泵因空转而受到损坏，MM430 变频器提供缺水和断带检测功能，变频器无需传感器，可以通过设置转矩变化范围来对转矩进行监控，识别水泵是否因缺水空转和传动部分的机械故障，从而对水泵进行全面保护。

电动机的分级控制（多泵循环控制），在流量的需求变化较大的情况下，可以并联安装多台泵。当流量变化时，各台辅助泵可以根据实际的需求分级地接入或退出工作，以维持所需要的流量。但对于多台并联运行的水泵来说，如果其中一台在调速运行时转速的调节范围过大，从而使该台水泵的特性曲线与其他水泵的特性曲线差别过大，且合并的管网阻力又较大时，该台水泵有可能泵不出水来，甚至会吸水使该台水泵损坏。所以负载变动过大时，不应把需要调节的负载过分地集中在一台泵上运行，必须要考虑到系统中各台泵运行负载的平衡。MM430 变频器可以方便完成这一功能，无需 PLC 进行编程来实现，可以为用户节约投资成本，简化系统结构和系统维护量。

3. 水泵变频调速的功能参数设置

在供水系统中除了上述的主要特点外，西门子变频器还提供了分级控制（多泵循环）方式，用户可依据实际需要来控制辅助电动机投入工作的顺序，同时 MM430 还具有其他的参数设置功能：

- 转矩补偿功能，起始提升，加速提升，连续提升。
- 运转开始频率的预设，因水泵在低频运行的意义并不大，有的水泵并不能从 0Hz 开始启动，所以应该设置运转起始频率。在运行起始频率下，处于待机状态，以便于更好的节能，可以设置下限频率 P1080。
- 由于采用较高的脉冲开关频率，减小电机运行的噪声。
- 完善的保护功能，快速的电流限制功能，避免运行中的不应有的跳闸。

4. 实例

（1）某大楼的供水系统：实际扬程 H_A=30m，要求供水压力保持在 0.5MPa，压力变送器的量程是 0～1MPa。采用一主二辅供水系统。

主泵电动机：22kW、42.5A、1470r/min，由变频器控制。

配用变频器：配用西门子 MM430 系列变频器，29kVA（适配电动机为 22kW），45A。

辅泵电动机：5.5kW、11.6A、1440r/min，直接接到工频电源上。

供水系统的构成如图 5-20 所示。

（2）基本功能的参数设置如表 5-5 所示。转矩提升功能的参数设置：西门子变频器的 U/f 线设置如图 5-21 所示；相关功能的参数设置如表 5-6 所示；保护功能的参数设置如表 5-7 所示、PID 控制的参数设置如表 5-8 所示。

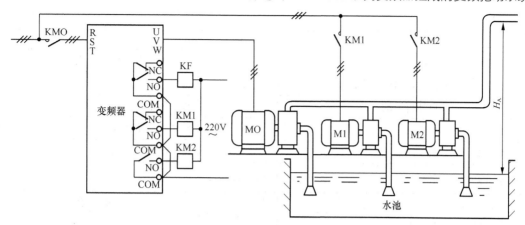

图 5-20　一主二辅供水系统

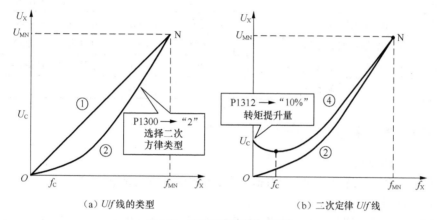

（a）U/f 线的类型　　　　　　　（b）二次定律 U/f 线

图 5-21　西门子变频器的 U/f 线

表 5-5　　　　　　　　　　　　　　　基本功能的参数

功　能　码	功　能　名　称	数　据　码	数据码含义
P0210	供电电压	380V	
P0290	变频器过载时的措施	0	降低频率，防止跳闸
P1080	最低频率	30	下限频率为 30Hz
P1082	最高频率	50	上限频率为 50Hz
P1120	斜坡上升时间	20s	
P1121	斜坡下降时间	20s	

表 5-6　　　　　　　　　　　　　　　相关功能的参数

功　能　码	功　能　名　称	数　据　码	数据码含义
P1300	变频器的控制方式	2	二次方律转矩提升方式
P1312	起始提升	10%	提升量为额定电流的 10%

表 5-7　　　　　　　　　　　　　　　保护功能的参数

功　能　码	功　能　名　称	数　据　码	数据码含义
P0640	电动机过载因子	95%	即电流取用比
P1200	捕捉再启动	1	从给定频率开始搜索

续表

功 能 码	功 能 名 称	数 据 码	数据码含义
P1202	捕捉再启动电流	110%	小于 110%I_{MN} 即捕捉成功
P1203	捕捉再启动搜索速率	100%	每 ms 改变转差频率的 2%
P1210	自动再启动	5	故障后重合闸
P1211	再启动重试的次数	3	允许重合闸 3 次
P1212	第一次启动的时间	10s	第一次重合闸的等待时间

表 5-8　　　　　　　　　　　　　　　PID 控制的参数

功 能 码	功 能 名 称	数 据 码	数据码含义
P2200	允许 PID 控制投入	1	PID 功能有效
P2253	PID 设置值信号源	755	目标信号从 AIN1 + 端输入
P2264	PID 反馈信号	755	反馈信号从 AIN2 + 端输入
P2266	反馈信号的上限值	60%	与上限压力对应（0.6MPa）
P2268	反馈信号的下限值	40%	与下限压力对应（0.4MPa）
P2271	传感器的反馈形式	0	负反馈

转差频率 f_S 的计算：$f_S = \dfrac{p * \Delta n}{60}$

- 目标信号的确定

∵　压力变送器的量程为 0～1MPa，而要求的供水压力是 0.5MPa

∴　目标信号应为 50%。

（3）PID 的参数设置与工况示意图如图 5-22 所示；相关功能的参数设置如表 5-9 所示。

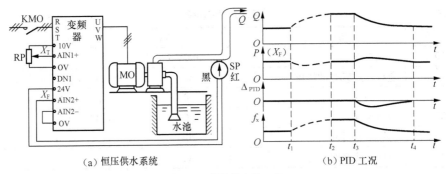

（a）恒压供水系统　　　　　　　　　　（b）PID 工况

图 5-22　恒压供水的工况

表 5-9　　　　　　　　　　　　　　　相关功能的参数

功 能 码	功 能 名 称	数 据 码	数据码含义
P2280	PID 增益系数	5	比例增益为 5
P2285	PID 积分时间	10s	积分时间为 10s
P2291	PID 输出上限	10%	上、下限参数设置得越小，则加、减泵
P2292	PID 输出下限	−10%	的切换越频繁
P2293	PID 上升时间	20s	启动时防止因加速太快而跳闸

（4）调试

在流量比较稳定的情况下，如果反馈信号时而大于目标信号，时而小于目标信号，说明系统发生了振荡，应减小 P，或增大 I。

当流量发生变化（增大或减小）后，反馈信号难以迅速地回复到等于目标信号时，说明系统反应迟缓，应增大 P，或减小 I。

（5）加、减泵切换控制的相关功能参数设置如表 5-10 所示。

表 5-10　　　　　　　　　　　　相关功能参数设置表

功 能 码	功 能 名 称	数据码	数据码含义	说　　明
P2371	辅助泵分级控制	2	M1 + M2	有 2 台辅助泵参与控制
P2372	辅助泵分级循环	1	分级循环	运行时间短者先加后减
P2373	PID 回线宽度	20%	上下限宽度	即 ΔH 和 ΔL 之间的宽度
P2374	加泵延时	300s	加泵确认时间，图中之 tY1	
P2375	减泵延时	300s	减泵确认时间，图中之 tY1	
P2376	PID 调节量极限	40%	ΔPID 超过极限时，立即加、减泵	
P2377	禁止加、减泵时间	400s	ΔPID 未回到正常范围时不能加、减泵	
P2378	加、减泵控制频率	85%	切换过渡频率，即图中之 f_S（42.5Hz）	

（6）睡眠与唤醒控制特点如图 5-23 所示；相关功能参数设置如表 5-11 所示。

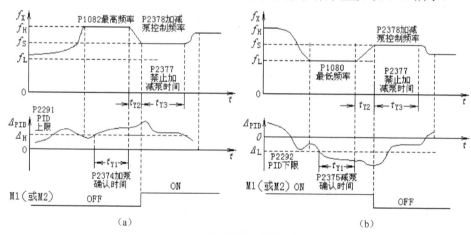

（a）　　　　　　　　　　　　　　　（b）

图 5-23　睡眠与唤醒控制

表 5-11　　　　　　　　　　　　相关功能参数设置表

功 能 码	功 能 名 称	数据码	数据码含义
P2390	节能设置值	35Hz	节能启动频率，即图中之 f_{SL}
P2391	节能定时器	240s	定时器计时时间（t1～t3），即确认时间
P2392	节能再启动设置	40%	PID 调节量的唤醒值，即图之 ΔH

5.4　小结

本章对变频拖动系统的三种负荷做了详细介绍，每种负荷都举了实际应用中的例子，希望读者能从实际解决问题的案例中，加深变频调控系统的认识和使用能力。好的变频调速控制方案，需要对具体拖动对象深入分析，根据负荷特点，把握住解决问题的关键点，采取恰当的计算方法。针对调控的目的和要求，选择适当的变频器，完成对变频拖动系统的整体设计。这部分内容既有基础理论，又有实际控制电路实际案例，所以希望读者能认真掌握。

5.5 习题

1. 简述恒转矩负荷的特点。
2. 简述功率与转矩的关系。
3. 恒转矩负荷功能参数设置重点需考虑那几方面？
4. 恒功率负载变频拖动容量应如何选取？
5. 二次方律负载的转矩与功率有什么特点？
6. 风机变频调速控制应注意的问题？
7. 水泵变频调速的功能参数设置有哪些？

第6章 MM420 系列变频器的应用实验

MM420 系列（MicroMaster420）变频器是德国西门子公司生产的一种广泛应用于工业场合的多功能标准变频器。它采用高性能的矢量控制技术，提供低速高转矩输出和良好的动态特性，同时具备超强的过载能力，以适应广泛的应用场合。对于变频器的应用，必须首先熟悉变频器的面板操作，以及根据实际应用对变频器的各种功能参数进行设置。

6.1 变频器的 BOP 面板控制实验

6.1.1 实验目的

1．掌握 MM420 变频器的 BOP 面板控制方法；
2．掌握 MM420 变频器的 BOP 面板控制参数设置方法；
3．掌握 MM420 变频器的 BOP 面板控制操作运行过程。

6.1.2 实验仪器和设备

1．三相异步电动机 1 台；
2．MM420 变频器 1 台；
3．综合控制实验台 1 套；
4．连接导线若干；
5．转速表适配箱 1 台。

6.1.3 实验内容

正确设置 MM420 变频器的 BOP 面板控制参数，然后利用 BOP 面板控制，实现对电动机的启动、正反转、点动、调速等控制。

6.1.4 实验方法和步骤

1．按照图 6-1 所示主电路接线图进行接线，检查电路正确无误后，合上主电源开关 QS。电源投入后显示画面如图 6-2 所示。

2．练习基本操作面板 BOP 修改设置参数的方法。MM420 在缺省设置时，用 BOP 控制电动机的功能是被禁止的。如果要用 BOP 进行控制，参数 P0700 应设置为 1，参数 P1000 也应设置为 1。此时，用 BOP 可以修改任何一个参数。修改参数的数值时，BOP 有时会显示 "busy"，表明变频器正忙于处理优先级更高的任务。下面就以设置 P1000 = 1 的过程为例，介绍通过 BOP 修改设置参数的流程，如表 6-1 所示。

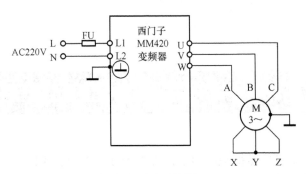

图 6-1　主电路接线图

图 6-2　电源投入后显示画面

表 6-1　　　　　　　　　　　　　　BOP 修改设置参数流程

	操 作 步 骤	BOP 显示结果
1	按 P 键，访问参数	r0000
2	按 ▲ 键，直到显示 P1000	P1000
3	按 P 键，直到显示 in000，即 P1000 的第 0 组值	in000
4	按 P 键，显示当前值 2	2
5	按 ▼ 键，达到所要求的值 1	1
6	按 P 键，存储当前设置	P1000
7	按 Fn 键，显示 r0000	r0000
8	按 P 键，显示频率	50.00

3．参数设置

（1）设置 P0010 = 30 和 P0970 = 1，按下 P 键，开始复位，复位过程大约 3min，这样就可保证变频器的参数回复到工厂默认值。

（2）电动机参数设置。为了使电动机与变频器相匹配，需要设置电动机参数。电动机参数设置如表 6-2 所示。电动机参数设置完成后，设置 P0010 = 0，变频器当前处于准备状态，可正常运行。

表 6-2　　　　　　　　　　　　　　电动机参数

参 数 号	出 厂 值	设 置 值	含 义 说 明
P0003	1	1	设置用户访问级为标准级
P0010	0	1	快速调试
P0100	0	0	欧洲运行方式：功率以 kW 表示，频率为 50Hz
P0304	230	220	电动机额定电压（V）
P0305	3.25	0.53	电动机额定电流（A）

续表

参 数 号	出 厂 值	设 置 值	含 义 说 明
P0307	0.75	0.18	电动机额定功率（kW）
P0310	50	50	电动机额定频率（Hz）
P0311	0	2800	电动机额定转速（r/min）

（3）BOP 面板控制参数设置如表 6-3 所示。

表 6-3   BOP 面板控制参数

参 数 号	出 厂 值	设 置 值	说　　明
P0003	1	1	设用户访问级为标准级
P0010	0	0	正确地进行运行命令的初始化
P0004	0	7	命令和数字 I/O
P0700	2	1	由键盘输入设置值（选择命令源）
P0003	1	1	设用户访问级为标准级
P0004	0	10	设置值通道和斜坡函数发生器
P1000	2	1	由键盘（电动电位计）输入设置值
P1080	0	0	电动机运行的最低频率(Hz)
P1082	50	50	电动机运行的最高频率(Hz)
P0003	1	2	设用户访问级为扩展级
P0004	0	10	设置值通道和斜坡函数发生器
P1040	5	20	设置键盘控制的频率值(Hz)
P1058	5	10	正向点动频率(Hz)
P1059	5	10	反向点动频率(Hz)
P1060	10	5	点动斜坡上升时间（s）
P1061	10	5	点动斜坡下降时间（s）

4．面板控制电动机启动运行练习

在参数设置完成后，在变频器的操作面板上按运行键⬤，变频器将驱动电动机升速，经过 10s 升速并运行在由 P1040 所设置的 20Hz 频率对应的 560r/min 的转速上。

5．面板控制电动机正反转及加减速运行练习。

电动机的转速（运行频率）及旋转方向可直接通过按操作面板上的增加键/减少键（▲/▼）及换向键来改变。

6．面板控制电动机点动运行练习

按下变频器前操作面板上的点动键⬤，则变频器驱动电动机升速，经过 5s 升速并运行在由 P1058 所设置的正向点动 10Hz 频率值上。当松开变频器前面板上的点动键，则变频器将驱动电动机降速至零，降速时间为 5s。这时，如果按下一变频器前操作面板上的换向键，再重复上述的点动运行操作，电动机可在变频器的驱动下反向点动运行。

7．面板控制电动机点动停车运行练习

在变频器的操作面板上按停止键⬤，则变频器将驱动电动机降速至零，降速时间为 5s。

6.1.5 实验报告要求

1．写出实验目的、实验仪器和设备、实验内容、实验步骤和实验结果；
2．写出本次实验用到的变频器参数的含义。

6.2 变频器的外接数字量控制实验

变频器在实际使用中，电动机经常要根据各类机械的状态变化而进行正转、反转、点动等状态运行。此时变频器的给定频率信号、电动机的启动信号等往往通过变频器的外接控制端子给出，即变频器的外部运行操作，这样可以大大提高生产过程的自动化程度。下面就来学习变频器外部运行操作的相关知识。

6.2.1 实验目的

1．掌握 MM420 变频器的外接数字量控制方法；
2．掌握 MM420 变频器的外接数字量控制参数设置方法；
3．掌握 MM420 变频器的外接数字量控制操作运行过程。

6.2.2 实验仪器和设备

1．三相异步电动机 1 台；
2．MM420 变频器 1 台；
3．综合控制实验台 1 套；
4．连接导线若干；
5．转速表适配箱 1 台。

6.2.3 实验内容

用自锁按钮 SB1 和 SB2 接成外部线路，用来控制 MM420 变频器的运行，实现电动机的正转和反转控制；用无自锁按钮 SB3 接成外部线路，用来控制 MM420 变频器的的运行，实现电动机的点动控制。其中端口"5"（DIN1）设为正转控制，端口"6"（DIN2）设为反转控制，端口"7"（DIN3）设为点动控制。对应的功能分别由 P0701、P0702 和 P0703 的参数值来设置。

6.2.4 实验方法和步骤

1．按照图 6-3 所示电路图进行接线，检查电路正确无误后，合上主电源开关 QS。
2．熟悉 MM420 变频器的 3 个数字输入端口（DIN1～DIN3）的功能。DIN1～DIN3 即端口"5"、"6"、"7"，每一个数字输入端口功能很多，用户可根据需要利用编程代码进行参数设置。DIN1～DIN3 对应的编程代码分别为 P0701～P0703，每一个编程代码对应的功能设置参数值范围均为 0～99，出厂默认值均为 1。其中几种常用的功能设置参数值如表 6-4 所示。
3．MM420 变频器的编程代码功能参数设置练习。接通断路器 QS，在变频器通电的情况下，首先完成电动机的参数设置，具体参数如表 6-2 所示；然后完成外接数字量控制的相关功能参数设置，具体设置如表 6-5 所示。

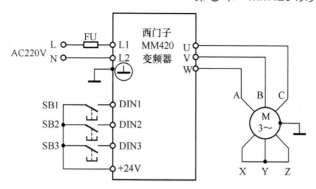

图 6-3　MM420 变频器的外接输入端口

表 6-4　　　　　　　　　　　MM420 数字输入端口功能设置参数

参　数　值	功　能　说　明
0	禁止数字输入
1	ON/OFF1（接通正转、停车命令 1）
2	ON/OFF1（接通反转、停车命令 1）
3	OFF2（停车命令 2），按惯性自由停车
4	OFF3（停车命令 3），按斜坡函数曲线快速降速
9	故障确认
10	正向点动
11	反向点动
12	反转
13	MOP（电动电位计）升速（增加频率）
14	MOP 降速（减少频率）
15	固定频率设置值（直接选择）
16	固定频率设置值（直接选择+ON 命令）
17	固定频率设置值（二进制编码选择+ON 命令）
25	直流注入制动

表 6-5　　　　　　　　　　　MM420 变频器部分功能参数

参　数　号	出　厂　值	设　置　值	说　　明
P0003	1	1	设用户访问级为标准级
P0004	0	7	命令和数字 I/O
P0700	2	2	命令源选择"由端子排输入"
P0003	1	2	设用户访问级为扩展级
P0004	0	7	命令和数字 I/O
*P0701	1	1	ON 接通正转，OFF1 停止
*P0702	1	2	ON 接通反转，OFF1 停止
*P0703	9	10	正向点动
P0003	1	1	设用户访问级为标准级
P0004	0	10	设置值通道和斜坡函数发生器

续表

参 数 号	出 厂 值	设 置 值	说　明
P1000	2	1	由键盘（电动电位计）输入设置值
*P1080	0	0	电动机运行的最低频率（Hz）
*P1082	50	50	电动机运行的最高频率（Hz）
*P1120	10	5	斜坡上升时间（s）
*P1121	10	5	斜坡下降时间（s）
P0003	1	2	设用户访问级为扩展级
P0004	0	10	设置值通道和斜坡函数发生器
*P1040	5	20	设置键盘控制的频率值
*P1058	5	10	正向点动频率（Hz）
*P1059	5	10	反向点动频率（Hz）
*P1060	10	5	点动斜坡上升时间（s）
*P1061	10	5	点动斜坡下降时间（s）

4. 外接数字量控制电动机正向运行操作练习。参数设置完成后，当按下带锁按钮 SB1 时，变频器数字端口"5"为 ON，电动机按 P1120 所设置的 5s 斜坡上升时间正向启动运行，经 5s 后稳定运行在 1120r/min 的转速上，此转速与 P1040 所设置的 20Hz 对应。再按下按钮 SB1，变频器数字端口"5"为 OFF，电动机按 P1121 所设置的 5s 斜坡下降时间停止运行。

5. 外接数字量控制电动机反向运行操作练习。当按下带锁按钮 SB2 时，变频器数字端口"6"为 ON，电动机按 P1120 所设置的 5s 斜坡上升时间反向启动运行，经 5s 后稳定运行在 −1120r/min 的转速上，此转速与 P1040 所设置的 20Hz 对应。再按下按钮 SB2，变频器数字端口"6"为 OFF，电动机按 P1121 所设置的 5s 斜坡下降时间停止运行。

6. 外接数字量控制电动机点动运行操作练习。当按下带锁按钮 SB3 时，变频器数字端口"7"为 ON，电动机按 P1060 所设置的 5s 点动斜坡上升时间正向启动并点动运行，经 5s 后稳定运行在 560r/min 的转速上，此转速与 P1058 所设置的 10Hz 对应。放开按钮 SB3，变频器数字端口"7"为 OFF，电动机按 P1061 所设置的 5s 点动斜坡下降时间停止运行。

7. 外接数字量控制电动机调节速度操作练习。分别更改 P1040 和 P1058、P1059 的值，按照以上操作过程，就可以改变电动机正常运行速度和正、反向点动运行速度。

8. 外接数字量控制电动机实际转速的测定。电动机运行过程中，利用激光测速仪或者转速测试表，可以直接测量电动机实际运行速度。当电动机处在空载、轻载或者重载时，实际运行速度会根据负载的轻重略有变化。

6.2.5　实验报告要求

1. 写出实验目的、实验仪器和设备、实验内容、实验步骤和实验结果；
2. 写出本次实验用到的变频器参数的含义。

6.3　变频器的外接模拟量控制实验

MM420 变频器可以通过 3 个数字输入端口对电动机进行正转、反转、点动等功能控制，其转速高低既可以通过调节基本操作面板的频率按键来调节，也可以通过调节模拟输入端模拟量的大小来调节。

6.3.1　实验目的

1．掌握 MM420 变频器的外接模拟量控制方法；
2．掌握 MM420 变频器的外接模拟量控制参数设置方法；
3．掌握 MM420 变频器的外接模拟量控制操作运行过程。

6.3.2　实验仪器和设备

1．三相异步电动机 1 台；
2．MM420 变频器 1 台；
3．综合控制实验台 1 套；
4．连接导线若干；
5．转速表适配箱 1 台；
6．电位器一个。

6.3.3　实验内容

用自锁按钮 SB1 和 SB2 接成外部线路，用来控制 MM420 变频器的运行，实现电动机的正、反转的启动和停止控制；用一个外接电位器通过变频器的模拟输入端控制电动机的转速高低。

6.3.4　实验方法和步骤

1．按照图 6-4 所示电路图进行接线，检查电路正确无误后，合上主电源开关 QS。

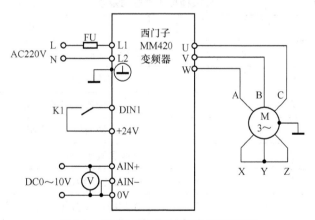

图 6-4　MM420 变频器外接模量控制接线图

2．熟悉 MM420 变频器的 2 个模拟量输入端口（即端口"3"和"4"）的功能。端口"3"即 AIN+端，端口"4"　即 AIN-端。通过设置 P0701 的参数值，使数字输入"5"端口具有正转控制功能；通过设置 P0702 的参数值，使数字输入"6"端口具有反转控制功能；模拟输入"3"、"4"端口外接电位器，通过"3"端口输入大小可调的模拟电压信号，控制电动机转速的高低。即由数字输入端控制电动机转速的方向，由模拟输入端控制转速的高低。

MM420 变频器的 "1"、"2" 输出端提供了一个高精度的 +10V 直流稳压电源，可以用来给转速调节电位器供电；然后把电位器的滑动触点连接 AIN+ 端，电源负极连接 AIN- 端，AIN- 端与变频器的 0V 端短接；调节电位器可以改变输入端口 AIN1+ 给定的模拟输入电压，变频器的频率给定变化，从而平滑无极地调节电动机转速的高低。

3．接通断路器 QS，在变频器通电的情况下，完成相关功能参数设置。

（1）恢复变频器工厂默认值，设置 P0010 = 30 和 P0970 = 1，按下 P 键，开始复位。

（2）电动机参数设置如表 6-6 所示。电动机参数设置完成后，设置 P0010 = 0，变频器当前处于准备状态，可正常运行。

表 6-6　　　　　　　　　　　　　　电动机参数

参 数 号	出 厂 值	设 置 值	含 义 说 明
P0003	1	1	设置用户访问级为标准级
P0010	0	1	快速调试
P0100	0	0	欧洲运行方式：功率以 kW 表示，频率为 50Hz
P0304	230	220	电动机额定电压（V）
P0305	3.25	0.53	电动机额定电流（A）
P0307	0.75	0.18	电动机额定功率（kW）
P0310	50	50	电动机额定频率（Hz）
P0311	0	2800	电动机额定转速（r/min）

（3）外接模拟信号控制参数设置如表 6-7 所示。

表 6-7　　　　　　　　　　　　　外接模拟信号控制参数

参 数 号	出 厂 值	设 置 值	说 明
P0003	1	1	设用户访问级为标准级
P0004	0	7	命令和数字 I/O
P0700	2	2	命令源选择由端子排输入
P0003	1	2	设用户访问级为扩展级
P0004	0	7	命令和数字 I/O
P0701	1	1	ON 接通正转，OFF 停止
P0702	1	2	ON 接通反转，OFF 停止
P0003	1	1	设用户访问级为标准级
P0004	0	10	设置值通道和斜坡函数发生器
P1000	2	2	频率设置值选择为模拟输入
P1080	0	0	电动机运行的最低频率（Hz）
P1082	50	50	电动机运行的最高频率（Hz）

4．外接模拟量控制电动机正向运行与调速操作练习

参数设置完成后，按下电动机正转自锁按钮 SB1，数字输入端口 DINI 为"ON"，电动机正向运行，转速由外接电位器 RP1 来控制，模拟电压信号在 0～10V 之间变化，对应变频器的频率在 0～50Hz 之间变化，对应电动机的转速在 0～2800r/min 之间变化。当再次按下带锁按钮 SB1 时，电动机停止运转。

5．外接模拟量控制电动机反向运行与调速操作练习

按下电动机反转自锁按钮 SB2，数字输入端口 DIN2 为"ON"，电动机反向运行，转速由外接电位器 RP1 来控制，模拟电压信号在 0～10V 之间变化，对应变频器的频率在 0～50Hz 之间变化，对应电动机的转速在 0～-2800r/min 之间变化。当再次按下带锁按钮 SB2 时，电动机停止运转。

6.3.5　实验报告要求

1．写出实验目的、实验仪器和设备、实验内容、实验步骤和实验结果；
2．写出本次实验用到的变频器参数的含义。

6.4　变频器的多段速控制实验

由于现场工艺的要求，很多生产机械需要在不同的转速下运行。为满足这种负载需要，大多数变频器提供了多挡频率控制功能。用户可以通过几个开关的通、断组合来选择不同的运行频率，实现电动机在不同转速下运行的目的。

6.4.1　实验目的

1．掌握 MM420 变频器的多段速控制方法；
2．掌握 MM420 变频器的多段速控制参数设置方法；
3．掌握 MM420 变频器的多段速控制操作运行过程。

6.4.2　实验仪器和设备

1．三相异步电动机 1 台；
2．MM420 变频器 1 台；
3．综合控制实验台 1 套；
4．连接导线若干；
5．转速表适配箱 1 台。

6.4.3　实验内容

用自锁按钮 SB1、SB2 和 SB3 接成外部线路，用来控制 MM420 变频器的运行，通过三个按钮的通断状态组合切换，控制变频器输出交流电的频率，从而实现电动机的三段速切换运行。

6.4.4　实验方法和步骤

1．按照图 6-5 所示电路图进行接线，检查电路正确无误后，合上主电源开关 QS。

2. 熟悉 MM420 变频器的 3 个数字输入端口（DIN1～DIN3）的功能。DIN1～DIN3 即端口 "5"、"6"、"7"，每一个数字输入端口功能很多，用户可根据需要利用编程代码进行参数设置。DIN1～DIN3 对应的编程代码分别为 P0701～P0703，每一个编程代码对应的功能设置参数值范围均为 0～99，出厂默认值均为 1。其中几种常用的功能设置参数值如表 6-4 所示。

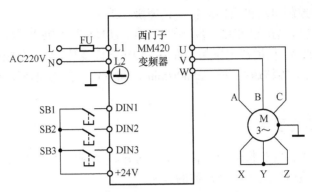

图 6-5　MM420 变频器的外接输入端口

3. 接通断路器 QS，在变频器通电的情况下，完成相关功能参数设置。

（1）恢复变频器工厂默认值，设置 P0010 = 30 和 P0970 = 1，按下 P 键，开始复位。

（2）电动机参数设置如表 6-8 所示。电动机参数设置完成后，设置 P0010 = 0，变频器当前处于准备状态，可正常运行。

表 6-8　　　　　　　　　　　　　　　电动机参数

参　数　号	出　厂　值	设　置　值	含义说明
P0003	1	1	设置用户访问级为标准级
P0010	0	1	快速调试
P0100	0	0	欧洲运行方式：功率以 kW 表示，频率为 50Hz
P0304	230	220	电动机额定电压（V）
P0305	3.25	0.53	电动机额定电流（A）
P0307	0.75	0.18	电动机额定功率（kW）
P0310	50	50	电动机额定频率（Hz）
P0311	0	2800	电动机额定转速（r/min）

（3）变频器 3 段速控制参数设置如表 6-8 所示。

表 6-9　　　　　　　　　　　　变频器 3 段固定频率控制参数

参　数　号	出　厂　值	设　置　值	说　　　　明
P0003	1	1	设用户访问级为标准级
P0004	0	7	命令和数字 I/O
P0700	2	2	命令源选择由端子排输入

续表

参　数　号	出　厂　值	设　置　值	说　　明
P0003	1	2	设用户访问级为拓展级
P0004	0	7	命令和数字 I/O
P0701	1	17	选择固定频率
P0702	1	17	选择固定频率
P0703	1	1	ON 接通正转，OFF1 停止
P0003	1	1	设用户访问级为标准级
P0004	2	10	设置值通道和斜坡函数发生器
P1000	2	3	选择固定频率设置值
P0003	1	2	设用户访问级为拓展级
P0004	0	10	设置值通道和斜坡函数发生器
P1001	0	20	选择固定频率 1（Hz）
P1002	5	30	选择固定频率 2（Hz）
P1003	10	50	选择固定频率 3（Hz）

4. 变频器的多段速控制操作运行练习

参数设置完成后，当按下带按锁 SB3 时，数字输入端口"7"为"ON"，允许电动机运行。

（1）第 1 频段控制。当 SB1 按钮开关接通、SB2 按钮开关断开时，变频器数字输入端口"5"为"ON"，端口"6"为"OFF"，变频器工作在由 P1001 参数所设置的频率为 20Hz 的第 1 频段上。

（2）第 2 频段控制。当 SB1 按钮开关断开，SB2 按钮开关接通时，变频器数字输入端口"5"为"OFF"，"6"为"ON"，变频器工作在由 P1002 参数所设置的频率为 30Hz 的第 2 频段上。

（3）第 3 频段控制。当按钮 SB1、SB2 都接通时，变频器数字输入端口"5"、"6"均为"ON"，变频器工作在由 P1003 参数所设置的频率为 50Hz 的第 3 频段上。

（4）电动机停车。当 SB1、SB2 按钮开关都断开时，变频器数字输入端口"5"、"6"均为"OFF"，电动机停止运行。在电动机正常运行的任何频段，将 SB3 断开使数字输入端口"7"为"OFF"，电动机也能停止运行。

（5）3 个频段的频率值可根据用户要求通过修改 P1001、P1002 和 P1003 的参数值来实现。当电动机需要反向运行时，只要将相对应频段的频率值设置为负值即可。

6.4.5　实验报告要求

1，写出实验目的、实验仪器和设备、实验内容、实验步骤和实验结果；

2．写出本次实验用到的变频器参数的含义。

6.5 变频器的 PLC 控制实验

随着变频技术的成熟，变频器作为驱动电动机调速的主要设备，正逐渐取代直流调速设备，发展势头越来越迅猛。但是，由于变频器人机交互能力较弱，变频器的操作需要人工完成，增加了操作人员的工作量，降低了工作效率。同时，变频器的数据计算和分析处理的功能不完善，直接影响了其在大系统中的应用。

PLC 作为工业自动化控制的主流设备，具有控制稳定、数据分析功能强大、通信能力强等特点，广泛地应用到各行各业中。因此，将 PLC 与变频器结合构成自动控制系统，可以使得变频器中的问题得到有效的改善。

6.5.1 实验目的

1．掌握 MM420 变频器的 PLC 控制方法；
2．掌握 MM420 变频器的 PLC 控制参数设置方法；
3．掌握 MM420 变频器的 PLC 控制操作运行过程；
4．复习 PLC 的编程和调试方法。

6.5.2 实验仪器和设备

1．三相异步电动机 1 台；
2．MM420 变频器 1 台；
3．S7-200 PLC 1 台；
4．综合控制实验台 1 套；
5．连接导线若干；
6．转速表适配箱 1 台。

6.5.3 实验内容

用无自锁按钮 SB1、SB2 和 SB3 接到 PLC 的三个开关量输入端控制 PLC 的运行，用 PLC 的三个开关量输出端接到变频器的外接开关量输入端控制 MM420 变频器的运行，通过三个按钮的通断切换，调用不同的 PLC 程序，控制变频器输出不同频率的交流电，从而实现电动机的正、反转运行和变频调速。

6.5.4 实验方法和步骤

1．按照图 6-6 所示电路图进行接线，检查电路正确无误后，合上主电源开关 QS。
2．熟悉 MM420 变频器的 3 个数字输入端口（DIN1～DIN3）的功能。DIN1～DIN3 即端口 "5"、"6"、"7"，每一个数字输入端口功能很多，用户可根据需要利用编程代码进行参数设置。DIN1～DIN3 对应的编程代码分别为 P0701～P0703，每一个编程代码对应的功能设置参数值范围均为 0～99，出厂默认值均为 1。其中几种常用的功能设置参数值如表 6-10 所示。

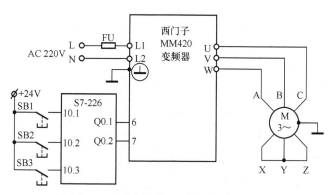

图 6-6　MM420 变频器的 PLC 控制变频调速电路图

表 6-10　　　　　　　　　　　　**MM420 数字输入端口功能设置**

参　数　值	功　能　说　明
0	禁止数字输入
1	ON/OFF1（接通正转、停车命令 1）
2	ON/OFF1（接通反转、停车命令 1）
3	OFF2（停车命令 2），按惯性自由停车
4	OFF3（停车命令 3），按斜坡函数曲线快速降速
9	故障确认
10	正向点动
11	反向点动
12	反转
13	MOP（电动电位计）升速（增加频率）
14	MOP 降速（减少频率）
15	固定频率设置值（直接选择）
16	固定频率设置值（直接选择+ON 命令）
17	固定频率设置值（二进制编码选择+ON 命令）
25	直流注入制动

3. 接通断路器 QS，在变频器通电的情况下，完成相关功能参数设置。

（1）恢复变频器工厂默认值，设置 P0010 = 30 和 P0970 = 1，按下 P 键，开始复位。

（2）设置电动机参数，具体设置如表 6-11 所示。电动机参数设置完成后，设置 P0010 = 0，变频器当前处于准备状态，可正常运行。

（3）设置 PLC 控制时的变频器参数，具体设置如表 6-12 所示。

表 6-11 电动机参数

参 数 号	出 厂 值	设 置 值	含 义 说 明
P0003	1	1	设置用户访问级为标准级
P0010	0	1	快速调试
P0100	0	0	欧洲运行方式：功率以 kW 表示，频率为 50Hz
P0304	230	220	电动机额定电压（V）
P0305	3.25	0.53	电动机额定电流（A）
P0307	0.75	0.18	电动机额定功率（kW）
P0310	50	50	电动机额定频率（Hz）
P0311	0	2800	电动机额定转速（r/min）

表 6-12 PLC 控制时的变频器参数

参数代码	出 厂 值	设 置 值	说 明
P0003	1	1	设用户访问级为标准级
P0004	0	7	命令和数字 I/O
P0700	2	2	命令源选择"由端子排输入"
P0003	1	2	设用户访问级为扩展级
P0004	0	7	命令和数字 I/O
P0702	1	1	ON 接通正转，OFF1 停止
P0703	1	2	ON 接通反转，OFF1 停止
P0003	1	1	设用户访问级为标准级
P0004	0	10	设置值通道和斜坡函数发生器
P1000	2	1	由键盘（电动电位计）输入设置值
P1080	0	0	电动机运行的最低频率（Hz）
P1082	50	50	电动机运行的最高频率（Hz）
P1120	10	8	斜坡上升时间（s）
P1121	10	10	斜坡下降时间（s）
P0003	1	2	设用户访问级为扩展级
P0004	0	10	设置值通道和斜坡函数发生器
P1040	5	30	设置键盘控制的频率值

4. PLC 控制电动机正向启动运行操作练习

根据控制要求确定 PLC 的 I/O 配置如表 6-13 所示。

表 6-13 PLC 的 I/O 配置

输　入			输　出		
电路符号	地址输入继电器	功　能	地址	连接变频器的端子	功　能
SB1	I0.1	电动机正向启动按钮	Q0.1	6	电动机正转/停止
SB2	I0.2	电动机停止按钮	Q0.2	7	电动机反转/停止
SB3	I0.3	电动机反向启动按钮			

PLC 控制的参考程序如图 6-7 所示。

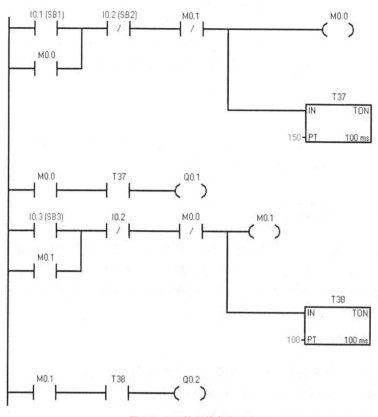

图 6-7　PLC 控制的参考程序

　　参数设置完成后，当按下正向启动按钮 SB1 时，PLC 输入继电器 I0.1 得电，其常开触点闭合，辅助继电器 M0.0 得电，M0.0 常开触点闭合并自锁，同时接通定时器 T37 延时 15s。当时间达到时，定时器 T37 位触点闭合，输出继电器 Q0.1 得电，将正向启动信号送到变频器 MM420 的 6 脚，使变频器的数字输入端口 DIN2 为"ON"状态。电动机在发出正向启动信号 15s 后，按 P1120 所设置的 8s 斜坡上升时间正向启动，经 8s 后电动机正向运行在由 P1040 所设置的 30 Hz 频率对应的转速上。

　　在 M0.0 得电的同时，其常闭触点断开，辅助继电器 M0.1 不能得电，进而使电动机不能反向运行，从而实现互锁。

　5. PLC 控制电动机反向启动运行操作练习

　　当按下反向启动按钮 SB3 时，PLC 的输入继电器 I0.3 得电，其常开触点闭合，辅助继电器 M0.1 得电，M0.1 常开触点闭合并自锁，同时接通定时器 T38 延时 10s。当时间达到时，定时器 T38 位触点闭合，输出继电器 Q0.2 得电，将反向启动信号送到变频器 MM420 的 7 脚，使变频器的数字输入端口 DIN3 为 "ON" 状态。电动机在发出反向启动信号 10s 后，按 P1120 所设置的 8s 斜坡上升时间反向启动，经 8s 后电动机反向运行在由 P1040 所设置的 30 Hz 频率对应的转速上。

　　在 M0.1 得电的同时，其常闭触点断开，辅助继电器 M0.0 不能得电，进而使电动机不能正向启动，从而实现互锁。

6. PLC 控制电动机停车操作练习

无论电动机当前处于正向（或反向）运行状态，当按下停止按钮 SB2 后，输入继电器 I0.2 得电，其常闭触点断开，使辅助继电器 M0.0 和 M0.1 线圈失电，其常开触点断开，输出继电器 Q0.1 和 Q0.2 都失电，将电动机停止信号送到 MM420 的 6 脚和 7 脚，变频器端口 6 脚和 7 脚都为 "OFF" 状态，电动机按 P1121 所设置的 10s 斜坡下降时间正向（或反向）开始停车，10s 后电动机运行停止。

6.5.5 实验报告要求

1．写出实验目的、实验仪器和设备、实验内容、实验步骤和实验结果；
2．写出本次实验用到的变频器参数的含义。

6.6 变频器的 PID 控制实验

在生产实际中，很多自动控制系统的输出往往需要稳定，但是系统在运行过程中不可避免会受到扰动影响，使其输出偏离给定值，这样就存在一个偏差值。对该偏差值，经过 P、I、D 调节，变频器改变输出频率，能够迅速、准确地消除偏差值，使系统输出回复到给定值，振荡和误差都比较小，适用于压力、温度、流量等控制。

6.6.1 实验目的

1．掌握 MM420 变频器的 PID 控制面板设置目标值的方法；
2．掌握 MM420 变频器的 PID 控制参数设置方法；
3．掌握 MM420 变频器的 PID 控制操作运行过程。

6.6.2 实验仪器和设备

1．三相异步电动机 1 台；
2．MM420 变频器 1 台；
3．压力传感器一个（输出范围 4～20mA）；
4．综合控制实验台 1 套；
5．连接导线若干；
6．转速表适配箱 1 台。

6.6.3 实验内容

使用自锁按钮 SB1 控制电动机的启动/停车，通过 BOP 面板上的（▲▼）键来改变给定目标值，使用一路模拟输入端接收反馈信号，接成外部线路用来控制 MM420 变频器的运行，从而实现 PID 闭环控制。

6.6.4 实验方法和步骤

1．按照图 6-8 所示电路图进行接线，检查电路正确无误后，合上主电源开关 QS。其中模拟输入端 AIN2（10 和 11 端）接入反馈信号 0～20mA，数字量输入端 DIN1（5 端）接入的带自锁按钮 SB1，控制变频器的启/停，给定目标值由 BOP 面板的（▲▼）键设置。

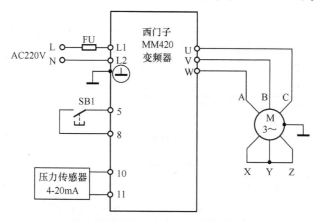

图 6-8　面板设置目标值的 PID 控制接线图

2．接通断路器 QS，在变频器通电的情况下，完成相关功能参数设置。

（1）恢复变频器工厂默认值，设置 P0010 = 30 和 P0970 = 1，按下 P 键，开始复位。

（2）电动机参数具体设置如表 6-14 所示。电动机参数设置完成后，设置 P0010 = 0，变频器当前处于准备状态，可正常运行。

表 6-14　　　　　　　　　　　　电动机参数设置

参　数　号	出　厂　值	设　置　值	含 义 说 明
P0003	1	1	设置用户访问级为标准级
P0010	0	1	快速调试
P0100	0	0	欧洲运行方式：功率以 kW 表示，频率为 50Hz
P0304	230	220	电动机额定电压（V）
P0305	3.25	0.53	电动机额定电流（A）
P0307	0.75	0.18	电动机额定功率（kW）
P0310	50	50	电动机额定频率（Hz）
P0311	0	2800	电动机额定转速（r/min）

（3）变频器的控制参数设置如表 6-15 所示。

表 6-15　　　　　　　　　　　　控制参数

参　数　号	出　厂　值	设　置　值	说　　　明
P0003	1	2	用户访问级为扩展级
P0004	0	0	参数过滤显示全部参数
P0700	2	2	由端子排输入（选择命令源）
*P0701	1	1	端子 DIN1 功能为 ON 接通正转/OFF1 停车
*P0702	12	0	端子 DIN2 禁用
*P0703	9	0	端子 DIN3 禁用
P0725	1	1	端子 DIN 输入为高电平有效
P1000	2	1	频率设置由 BOP(▲▼)设置
*P1080	0	20	电动机运行的最低频率（下限频率）（Hz）

续表

参 数 号	出 厂 值	设 置 值	说 明
*P1082	50	50	电动机运行的最高频率（上限频率）（Hz）
P2200	0	1	PID 控制功能有效

注：表 6-15 中，标"*"号的参数可根据用户的需要改变，以下同。

（4）变频器 PID 控制的给定目标参数设置如表 6-16 所示。

表 6-16 给定目标参数

参 数 号	出 厂 值	设 置 值	说 明
P0003	1	3	用户访问级为专家级
P0004	0	0	参数过滤显示全部参数
P2253	0	2250	激活 BOP 面板为给定目标值的信号源)
*P2240	10	60	由 BOP 面板的（▲▼）设置的目标值（%）
*P2254	0	0	无 PID 微调信号源
*P2255	100	100	PID 设置值的增益系数
*P2256	100	0	PID 微调信号增益系数
*P2257	1	1	PID 设置值斜坡上升时间
*P2258	1	1	PID 设置值的斜坡下降时间
*P2261	0	0	PID 设置值无滤波

注：当 P2232 = 0 允许反向时，可以用面板 BOP 键盘上的（▲▼）键设置 P2240 值为负值。

（5）变频器 PID 控制的反馈参数设置如表 6-17 所示。

表 6-17 反馈参数

参 数 号	出 厂 值	设 置 值	说 明
P0003	1	3	用户访问级为专家级
P0004	0	0	参数过滤显示全部参数
P2264	755.0	755.1	PID 反馈信号由 AIN2+（即模拟输入 2）设置
*P2265	0	0	PID 反馈信号无滤波
*P2267	100	100	PID 反馈信号的上限值（%）
*P2268	0	0	PID 反馈信号的下限值（%）
*P2269	100	100	PID 反馈信号的增益（%）
*P2270	0	0	不用 PID 反馈器的数学模型
*P2271	0	0	PID 传感器的反馈型式为正常

（6）变频器 PID 控制的 PID 参数设置如表 6-18 所示。

表 6-18 PID 参数

参 数 号	出 厂 值	设 置 值	说 明
P0003	1	3	用户访问级为专家级
P0004	0	0	参数过滤显示全部参数

续表

参　数　号	出　厂　值	设　置　值	说　　明
*P2280	3	25	PID 比例增益系数
*P2285	0	5	PID 积分时间
*P2291	100	100	PID 输出上限（%）
*P2292	0	0	PID 输出下限（%）
*P2293	1	1	PID 限幅的斜坡上升/下降时间（S）

3．变频器的运行操作练习

参数设置完成后，可以依次进行以下运作操作。

（1）按下自锁按钮 SB1 时，变频器的数字输入端 DIN1 为"ON"，电动机正向启动运行，运行速度由给定目标值决定。当反馈的电流信号发生改变时，将会引起电动机转速发生变化。

若反馈的电流信号小于目标值 12mA（即 P2240 设置值），则变频器将驱动电动机升速，引起反馈电流信号变大，直到等于给定目标信号为止；当反馈的电流信号大于目标值 12mA 时，变频器又将驱动电动机降速，引起反馈电流信号变小，直到等于给定目标信号为止。如此反复，能使变频器达到一种动态平衡状态，变频器将驱动电动机以一个动态稳定的速度运行。

（2）如需要调节给定目标值（即 P2240 设置值），则可以直接通过 BOP 面板上的（▲▼）键来改变。当设置 P2231 = 1 时，由（▲▼）键修变的给定目标值将被保存在内存中。

（3）再次按下自锁按钮 SB1 时，数字输入端 DIN1 为"OFF"，电动机停止运行。

6.6.5　实验报告要求

1．写出实验目的、实验仪器和设备、实验内容、实验步骤和实验结果；

2．写出本次实验用到的变频器参数的含义。

参 考 文 献

[1] 张燕宾. 变频调速应用实践[M]. 北京：机械工业出版社，2000.

[2] 龚仲华. 变频器从原理到完全应用——三菱、安川[M]. 北京：人民邮电出版社，2009.

[3] 韩安荣. 通用变频器及其应用[M]. 北京：机械工业出版社，2000.

[4] 姚锡禄. 变频器控制技术与应用[M]. 福州：福建科学技术出版社，2005.

[5] 吕汀，石红梅. 变频器技术原理与应用[M]. 北京：机械工业出版社，2003.

[6] 王建，杨秀双. 西门子变频器入门与典型应用[M]. 北京：中国电力出版社，2012.

[7] 王建，杨秀双，刘来员. 变频器实用技术（西门子）[M]. 北京：机械工业出版社，2012.

[8] 姚锡禄. 变频器控制技术入门与应用实例[M]. 北京：中国电力出版社，2009.

[9] 蔡杏山. PLC、变频器入门知识与实践课堂[M]. 北京：电子工业出版社，2011.

[10] 李方圆. 零起点学西门子变频器应用[M]. 北京：机械工业出版社，2012.

[11] 吴志敏，阳胜峰. 西门子 PLC 与变频器、触摸屏综合应用教程[M]. 北京：中国电力出版社，2009.

[12] 马宁，孔红. S7—300 PLC 与 MM440 变频器的原理与应用[M]. 北京：机械工业出版社，2011.

[13] 郑凤翼. 西门子 PLC 与变频器控制电路识图自学通[M]. 北京：电子工业出版社，2013.

[14] 重庆市凌集科技有限责任公司. 西门子通用变频器应用实例手册[R]. 北京：西门子自动化与驱动集团标准传动部，2002.

[15] 李长军，王勇. 变频技术一学就会[M]. 北京：电子工业出版社，2012.

[16] 张燕宾. 变频器应用教程（第 2 版）[M]. 北京：机械工业出版社，2011.

[17] 张燕宾. SPWM 变频调速应用技术（第 3 版）[M]. 北京：机械工业出版社，2008.

[18] 西门子 MM420 变频器实训指导书[EB/OL].（2012-09-07）[2013-06-26]. http://wenku.baidu.con/view/23708e25bcd126fff6050603.html.